Telekolleg MultiMedial

Mathematik
Formeln und Begriffe

Josef Dillinger

TELEKOLLEG MULTIMEDIAL

TELEKOLLEG MULTIMEDIAL wird veranstaltet von den Bildungs- bzw. Kultusministerien von Bayern, Brandenburg und Rheinland-Pfalz sowie vom Bayerischen Rundfunk (BR). Der Rundfunk Berlin-Brandenburg (RBB) unterstützt das TELEKOLLEG MULTIMEDIAL.

Nähere Infos zu TELEKOLLEG MULTIMEDIAL:
www.telekolleg.de
www.telekolleg-info.de

Coverfoto: © iStockphoto.com/sodafish

1. Auflage 2010
© BRmedia Service GmbH
Alle Rechte vorbehalten
Umschlag (Konzeption): Daniela Eisenreich, München
Satz und Grafik: SMP Oehler, Remseck
Gesamtherstellung: Print Consult GmbH, München
ISBN: 978-3-941282-28-5

Inhaltsverzeichnis

1. Grundlagen

Mengen und Rechenarten
Zahlenmengen   6
Addition und Subtraktion rationaler Zahlen   6
Multiplikation und Division rationaler Zahlen   7
Mengenbeziehungen   7
Mengenverknüpfungen   8
Regeln für das Rechnen mit Mengen   8
Intervalle (spezielle Teilmengen von $\mathbb{R}$)   8

Terme
Allgemeine Grundrechenarten   9
Termumformung   9
Binomische Formeln   9
Vorzeichen und Rechenzeichen   9
Produktregeln   9
Rechnen mit Brüchen (Bruchrechnen)   10
Teiler und Vielfache natürlicher Zahlen   10

Ungleichungen und Gleichungen
Definition einer Ungleichung   11
Inversionsgesetz   11
Definition einer Gleichung   11
Definitionsmenge   11
Lösungsmenge   11
Lineare Gleichungen   11
Äquivalenzumformung   12

Lineare Gleichungssysteme (LGS)
Definition   13
Schreibweise   13
Graphisches Lösen   13
Algebraisches Lösen   14
   Einsetzverfahren   14
   Gleichsetzverfahren   14
   Additionsverfahren   15
Lösen mithilfe von Determinanten   15
Bestimmung der Lösungen   15

Proportionalitäten
Direkte Proportionalität   16
Indirekte Proportionalität   16
Dreisatz   16
Prozentrechnung   17

Relation und Funktion
Relation   17
Funktion   17
Graphische Darstellungen   17
Arten von Funktionen   18
Steigungsfaktor   19
y-Achsenabschnitt   20
Lage von Geraden   21
Punkt-Steigungs-Form der Geradengleichung   21
Zwei-Punkte-Form der Geradengleichung   21

Wurzeln und Potenzen
Wurzeln   22
Wurzelgesetze   22
Potenzen   22

Logarithmen
Definition   23
Logarithmen spezieller Basen   23
Logarithmengesetze   23
Basiswechsel   23

Quadratische Gleichungen
Reinquadratische Gleichung   24
Allgemeine Form   24
Normalform (p-q-Form)   24
Satz von Vieta   25

Quadratische Funktionen
Normalform   25
Symmetrieachse   25
Scheitelpunktform   25
Normalparabel   25
Achsenschnittpunkte   26

Sätze am rechtwinkligen Dreieck
Rechtwinkliges Dreieck   27
Satz des Pythagoras   27
Höhensatz des Euklid   28
Kathetensatz des Euklid   28

Winkelfunktionen
Sinusfunktion   28
Kosinusfunktion   29
Tangensfunktion   29

Definitionen am rechtwinkligen Dreieck
Sinus   30
Kosinus   30
Tangens   30
Kotangens   30

Werte für spezielle Winkel
Vorzeichen in den vier Quadranten   30
Trigonometrischer Pythagoras   30

Beziehungen zwischen Sinus, Kosinus und Tangens
Reduktionsformeln   30
Summen und Differenzen   31
Vielfache und Teile   31
Produkte   31

Trigonometrische Berechnungen am allgemeinen Dreieck
Sinussatz   32
Kosinussatz   32
Flächeninhalt   32
Höhen   32
Seitenhalbierende   32
Winkelhalbierende   32
Inkreisradius (p)   32
Umkreisradius   32
Projektionssatz   32
Bogenmaß   32
Umrechnung Grad – Bogenmaß   32

2. **Vektorrechnung und Analytische Geometrie**

Vektoren
Definition   33
Schreibweisen und Darstellungen   33
   Ortsvektor   34
   Basisvektoren   34
   Nullvektor   34

Rechenoperationen, Verknüpfungen und Formeln   35
   Gleichheit zweier Vektoren $\vec{a} = \vec{b}$ 35
   Addition zweier Vektoren $\vec{a} + \vec{b}$ 35
   Subtraktion zweier Vektoren $\vec{a} - \vec{b}$ 35
Rechenregeln   35
   Kommutativgesetz   35
   Assoziativgesetz   36
   S-Multiplikation von Vektoren   36
Skalare Vervielfachung   36
Lineare Abhängigkeit von Vektoren   36
Skalarprodukt   37

Geradengleichungen und Ebenengleichungen in Parameterform
Vektorielle Punkt-Richtungs-Form   38
Vektorielle Zwei-Punkte-Form   38
Ebenengleichung   38

Vektorprodukt (Kreuzprodukt)
Definition   39
Rechenregeln beim Vektorprodukt   39
Kollineare (parallele) Vektoren   39
Vektorprodukt in kartesischen Koordinaten   39
Flächeninhalt des Parallelogramms   40
Flächeninhalt eines Dreiecks ABC im $\mathbb{R}^3$ 40
Volumen des Parallelflachs   40
Volumen der Pyramide   40

Ebenengleichungen in einem kartesischen Koordinatensystem
Normalenform in Koordinatendarstellung   40
Normalenform in vektorieller Darstellung   41
Hesse'sche Normalenform (HNF) der Ebene   41
Abstand Punkt P – Ebene E   41
Lagebeziehung zweier Ebenen E und F   41
Schnittwinkel zweier Ebenen E und F   41

3. Grenzwerte, Stetigkeit und Unstetigkeit

Grenzwerte einer Funktion
Grenzwert für $x \to x_0$ 42
Grenzwert für $x \to \infty$ 42
Rechenregeln für Grenzwerte   43

Stetigkeit und Unstetigkeit von Funktionen
Stetigkeit   43
Unstetigkeit   44

4. Differenzialrechnung

Differenzialrechnung
Differenzenquotient   45
Definition der Ableitung   45
Stetigkeit   45
Differenzierbarkeitsbereich   46
Globale Differenzierbarkeit   46
Ableitungsfunktion   46
Schreibweisen   46
Differenzieren nach der Zeit t   46
Stetige Differenzierbarkeit   46
Höhere Ableitungen   46
Stammfunktion   46

Geometrische Deutung der Ableitung
Steigung   47
Tangente   47
Normale   47
L' Hospitalsche Regeln   47
Ableitungsregeln   48
Ableitung der Grundfunktionen   49

Kurvendiskussion
Symmetrie zur y-Achse   50
Punktsymmetrie zum Ursprung   50
Schnittpunkte mit den Koordinatenachsen   50
Monotonie   50
Relative Extremwerte   51
Krümmung des Graphen   53
Wendepunkt   53

5. Integralrechnung

Integrale
Grundbegriffe   55
Eigenschaften des bestimmten Integrals   56
Grundintegrale   56
Weitere Integrale   57
Uneigentliche Integrale   57
Geometrische Anwendungen   58

6. Statistik und Stochastik

Statistik
Datenerfassung – Begriffe   60
Häufigkeiten   60
Diagramme   61
Lagemaße   61
Streumaße   63

Stochastik
Zufallsexperiment   64
Häufigkeit   64
Wahrscheinlichkeit für das Eintreffen eines Ereignisses $P(E)$ 65
Gegenereignis $\overline{E}$ 65
Laplace-Experiment   65
Pfadregel   65
Baumdiagramme   65
Bedingte Wahrscheinlichkeit   66
Vierfeldertafel   66
Satz von Bayes   66
Inverses Baumdiagramm   67
Hypothesentest   67
Binominalverteilung   68

Register   69

1. Grundlagen

Mengen und Rechenarten

Zahlenmengen

Natürliche Zahlen $\mathbb{N} := \{0, 1, 2, 3, ...\}$

Ganze Zahlen $\mathbb{Z} := \{..., -1, 0, 1, 2, 3, ...\}$

Gebrochene Zahlen $\mathbb{Q}_+ := \left\{\frac{p}{q} \middle| p \in \mathbb{N} \wedge q \neq 0\right\}$

Rationale Zahlen $\mathbb{Q} := \left\{\frac{p}{q} \middle| p \in \mathbb{Z} \wedge q \neq 0\right\}$

Irrationale Zahlen $\mathbb{I} := \{..., \sqrt{2}, \pi, e, ...\}$

Reelle Zahlen $\mathbb{R} := \mathbb{Q} \cup \mathbb{I}$

Komplexe Zahlen $\mathbb{C} := \{\mathbb{Z} | \mathbb{Z} = a + ib\}$

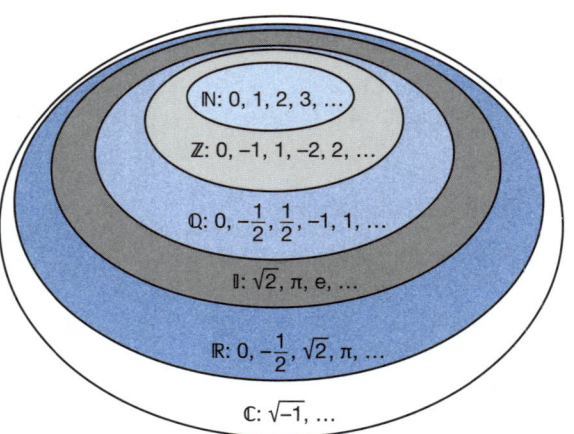

Addition und Subtraktion rationaler Zahlen

Unterscheidung zwischen Vor- und Rechenzeichen

Vorzeichen (VZ)

+2 positives Vorzeichen $\Rightarrow$ +2 = 2
–5 negatives Vorzeichen

Rechenzeichen (RZ)

3 + 5 Addition (plus)
9 – 2 Subtraktion (minus)

Vereinfachung von Rechenzeichen

RZ	VZ	wird zu	Beispiel
+	+	+	(+5) + (+3) = 5 + 3
+	–	–	(+5) + (–3) = 5 – 3
–	+	–	(+5) – (+3) = 5 – 3
–	–	+	(+5) – (–3) = 5 + 3

Multiplikation und Division rationaler Zahlen

Die Regeln für Multiplikation und Division mit negativen Zahlen entsprechen sich. Also gelten für die Vorzeichen dieselben Regeln.

1. Faktor	2. Faktor	Produkt	Beispiel
+	+	+	$(+5) \cdot (+3) = +15$
–	+	–	$(-5) \cdot (+3) = -15$
+	–	–	$(+5) \cdot (-3) = -15$
–	–	+	$(-5) \cdot (-3) = +15$

Dividend	Divisor	Quotient	Beispiel
+	+	+	$(+6) : (+2) = +3$
–	+	–	$(-6) : (+2) = -3$
+	–	–	$(+6) : (-2) = -3$
–	–	+	$(-6) : (-2) = +3$

Division durch 0

Durch 0 kann nicht dividiert werden, da diese Rechenausdrücke nicht definiert sind.

Mengenbeziehungen

Mengengleichheit:
Eine Menge A ist gleich einer Menge B. Jedes Element von A ist auch Element von B und umgekehrt.

Schreibweise: $A = B \land B = A$ $\land$: logisches UND

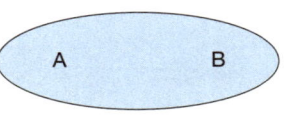

Teilmenge:
Eine Menge A ist **Teilmenge** von B, wenn jedes Element von A auch Element von B ist.

Schreibweise: $A \subseteq B$ (Teilmenge)
$A \subset B$ (echte Teilmenge)

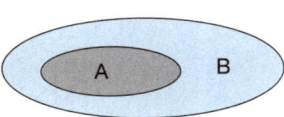

Echte Teilmenge:
Gibt es mindestens ein Element in B, das nicht zu A gehört, so ist A **echte Teilmenge** von B.
Ist A Teilmenge von B, so ist die **Komplementärmenge von A bezüglich B** diejenige Teilmenge von B, die alle Elemente enthält, die nicht zu A gehören.

Schreibweise: $\overline{A}$

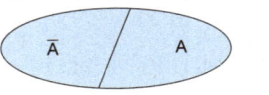

Mengenverknüpfungen

Die **Schnittmenge** zweier Mengen A und B enthält alle Elemente, die zu A und zu B gehören.

Schreibweise: $A \cap B$ gelesen: A geschnitten B
$A \cap B = \{x \mid x \in A \land x \in B\}$

Die **Vereinigungsmenge** zweier Mengen A und B enthält alle Elemente, die zu A oder zu B oder zu beiden gehören.

Schreibweise: $A \cup B$ gelesen: A vereinigt B
$A \cup B = \{x \mid x \in A \lor x \in B\}$

Die **Differenzmenge** $A \setminus B$ ist die Menge aller Elemente von A, die nicht zu B gehören.

Schreibweise: $A \setminus B$ gelesen: A ohne B
$A \setminus B = \{x \mid x \in A \land x \notin B\}$

Die **Produktmenge** $A \times B$ ist die Menge aller (geordneten) Paare, deren erstes Glied zu A und deren zweites Glied zu B gehört.

Schreibweise: $A \times B$ gelesen: A kreuz B
$A \times B = \{(x, y) \mid x \in A \land y \in B\}$

Regeln für das Rechnen mit Mengen

Idempotenzgesetz
$A \cup A = A$
$A \cap A = A$

Kommutativgesetz
$A \cup B = B \cup A$
$A \cap B = B \cap A$

Assoziativgesetz
$(A \cup B) \cup C = A \cup (B \cup C)$
$(A \cap B) \cap C = A \cap (B \cap C)$

Distributivgesetz
$A \cup (B \cap C) = (A \cup B) \cap (A \cup C)$
$A \cap (B \cup C) = (A \cap B) \cup (A \cap C)$

Intervalle (spezielle Teilmengen von $\mathbb{R}$)

abgeschlossenes Intervall von a bis b $[a; b] = \{x \in \mathbb{R} \mid a \leq x \leq b\}$

rechtsoffenes Intervall von a bis b $[a; b[= \{x \in \mathbb{R} \mid a \leq x < b\}$

linksoffenes Intervall von a bis b $]a; b] = \{x \in \mathbb{R} \mid a < x \leq b\}$

offenes Intervall von a bis b $]a; b[= \{x \in \mathbb{R} \mid a < x < b\}$

linksoffenes Intervall von $-\infty$ bis a $]-\infty; a] = \{x \in \mathbb{R} \mid x \leq a\}$

offenes Intervall von a bis $+\infty$ $]a; +\infty[= \{x \in \mathbb{R} \mid a < x\}$

offenes Intervall von $-\infty$ bis $+\infty$ $]-\infty; \infty[= \{x \in \mathbb{R} \mid -\infty < x < \infty\}$

Terme

Allgemeine Grundrechenarten

Addition $\qquad a + b = c$

Subtraktion $\qquad a - b = c$

Multiplikation $\qquad a \cdot b = c$

Division $\qquad a : b = c \quad$ für $b \neq 0$

Termumformung

Kommutativgesetz
  – der Addition $\qquad a + b = b + a$
  – der Multiplikation $\qquad a \cdot b = b \cdot a$

Assoziativgesetz
  – der Addition $\qquad (a + b) + c = a + (b + c)$
  – der Multiplikation $\qquad (a \cdot b) \cdot c = a \cdot (b \cdot c)$

Distributivgesetz $\qquad (a \pm b) \cdot c = a \cdot c \pm b \cdot c$
$\qquad (a \pm b) : c = a : c \pm b : c \quad$ für $c \neq 0$

Binomische Formeln

1. Binomische Formel $\qquad (a + b)^2 = a^2 + 2ab + b^2$

2. Binomische Formel $\qquad (a - b)^2 = a^2 - 2ab + b^2$

3. Binomische Formel $\qquad (a + b) \cdot (a - b) = a^2 - b^2$

Vorzeichen und Rechenzeichen

Verschmelzungsregeln $\qquad a + (+b) = a + b$
$\qquad a + (-b) = a - b$
$\qquad a - (+b) = a - b$
$\qquad a - (-b) = a + b$

Auflösen einer Minusklammer $\qquad a - (b + c) = a - b - c$
$\qquad a - (b + c - d) = a - b - c + d$

Produktregeln

Das Produkt zweier Faktoren mit **gleichen** Vorzeichen ist **positiv**, mit **verschiedenen** Vorzeichen ist **negativ**.

$(+a) \cdot (+b) = +(a \cdot b)$
$(-a) \cdot (-b) = +(a \cdot b)$
$(+a) \cdot (-b) = -(a \cdot b)$
$(-a) \cdot (+b) = -(a \cdot b)$

Rechnen mit Brüchen (Bruchrechnen)

Addition/Subtraktion

$$\frac{a}{c} \pm \frac{b}{c} = \frac{a \pm b}{c}$$

$$\frac{a}{c} \pm \frac{b}{d} = \frac{a \cdot d \pm b \cdot c}{c \cdot d}$$

Multiplikation

$$\frac{a}{b} \cdot \frac{c}{d} = \frac{a \cdot c}{b \cdot d}$$

$$\frac{a}{b} \cdot c = \frac{a \cdot c}{b}$$

Division

$$\frac{a}{b} : \frac{c}{d} = \frac{\frac{a}{b}}{\frac{c}{d}} = \frac{a \cdot d}{b \cdot c}$$

$$\frac{a}{b} : c = \frac{\frac{a}{b}}{c} = \frac{a}{b \cdot c}$$

Erweitern

$$\frac{a}{b} = \frac{a \cdot r}{b \cdot r} \quad r \in \mathbb{R} \setminus \{0\}$$

Kürzen

$$\frac{a}{b} = \frac{a : n}{b : n} \quad n \in \mathbb{R} \setminus \{0\}$$

Teiler und Vielfache natürlicher Zahlen

Teiler

a heißt Teiler von b, wenn es eine natürliche Zahl n gibt, sodass $a \cdot n = b$.

größter gemeinsamer Teiler – ggT

Der größte gemeinsame Teiler zweier natürlicher Zahlen a und b ist die größte natürliche Zahl, die sowohl a als auch b teilt.
Man bezeichnet sie mit ggT (a; b).
Haben a und b keinen gemeinsamen Teiler, so gilt: ggT (a; b) = 1.

Vielfaches

b heißt Vielfaches von a, wenn es eine natürliche Zahl n gibt, sodass $a \cdot n = b$.

kleinstes gemeinsames Vielfaches – kgV

Das kleinste gemeinsame Vielfache zweier natürlicher Zahlen a und b ist die kleinste natürliche Zahl, die sowohl Vielfaches von a als auch von b ist.
Man bezeichnet sie als kgV (a; b).
Haben a und b keinen gemeinsamen Teiler, so gilt: kgV (a; b) = $a \cdot b$. Das kgV entspricht dem (kleinsten) Hauptnenner bei Brüchen.

Ungleichungen und Gleichungen

Definition einer Ungleichung

Eine Ungleichung besteht aus zwei Termen und einer der folgenden Ordnungsrelationen:

$<$ (kleiner als)

$\leq$ (kleiner gleich als)

$>$ (größer als)

$\geq$ (größer gleich als)

Inversionsgesetz

Multipliziert oder dividiert man beide Seiten einer **Ungleichung** mit einer **negativen Zahl**, ohne dabei die Lösungsmenge zu verändern, muss das **Ungleichheitszeichen umgedreht** werden:
$a < b \Leftrightarrow a \cdot (-c) > b \cdot (-c)$

Definition einer Gleichung

Eine Gleichung ist eine „Behauptung" der Form
Linke Seite = Rechte Seite,
wobei *Linke Seite* und *Rechte Seite* Terme sind, die z. B. von x abhängen.

Für manche Werte der Unbekannten stellen sie wahre Aussagen dar.

Diese Werte heißen Lösungen.
Einfache Gleichungen können durch Anwendung systematischer Methoden gelöst werden.

Definitionsmenge

Alle Zahlen, welche die Aussageform in eine wahre oder falsche Aussage übergehen lassen, bilden die Definitionsmenge D.

Lösungsmenge

Alle Zahlen, welche die Aussageform in eine wahre Aussage übergehen lassen, bilden die Lösungsmenge L.

Lineare Gleichungen

Bei linearen Gleichungen hat die Variable die Potenz (Hochzahl) 1.

– mit einer Variablen

$ax + b = 0 \quad (a \neq 0)$

Lösung: $x = \dfrac{-b}{a}$

– mit zwei Variablen

$ax + by = c \quad (a; b \neq 0)$

Lösung: $y = -\dfrac{a}{b}x + \dfrac{c}{b} = \dfrac{c - ax}{b}$

Normalform

(I) $\quad a_1 x + b_1 y = c_1$
(II) $\quad a_2 x + b_2 y = c_2$

Lösungsformeln
(Cramersche Regel)

$$x = \frac{c_1 b_2 - c_2 b_1}{a_1 b_2 - a_2 b_1}$$

$$y = \frac{a_1 c_2 - a_2 c_1}{a_1 b_2 - a_2 b_1} \quad (a_1 b_2 - a_2 b_1 \neq 0)$$

Äquivalenzumformung

Äquivalenzumformungen werden benutzt, um **Gleichungen** Schritt für Schritt zu vereinfachen, ohne die Lösungsmenge zu verändern.

Eine Äquivalenzumformung besteht darin, die linke (T_l) und die rechte Seite einer Gleichung (T_r) auf gleiche Weise abzuändern. Diese Änderung muss umkehrbar sein, d.h., es muss möglich sein, die ursprüngliche Gleichung durch eine weitere Umformung zurückzugewinnen. Dann enthalten die ursprüngliche und die veränderte Gleichung dieselbe Information (sie sind zueinander „äquivalent") und haben dieselbe Lösungsmenge.

Operation	Allgemein	Beispiel
Addition	$T_l + T = T_r + T$	$x - a = 0 \quad \vert + a$ $x - a + a = 0 + a$ $x = a$
Subtraktion	$T_l - T = T_r - T$	$x + a = 0 \quad \vert - a$ $x + a - a = 0 - a$ $x = -a$
Multiplikation	$T_l \cdot T = T_r \cdot T$	$\frac{1}{2} \cdot x = 1 \quad \vert \cdot 2$ $\frac{1}{2} \cdot x \cdot 2 = 1 \cdot 2$ $x = 2$
Division	$\frac{T_l}{T} = \frac{T_r}{T}; \; T \neq 0$	$2 \cdot x = 4 \quad \vert : 2$ $\frac{2 \cdot x}{2} = \frac{4}{2}$ $x = 2$

Eine **Ungleichung** darf mit einem beliebigen negativen Term multipliziert oder dividiert werden, wenn gleichzeitig das Relationszeichen umgekehrt wird. Das heißt: aus < wird >,
aus > wird <,
aus ≤ wird ≥ und
aus ≥ wird ≤.

Operation	Allgemein	Beispiel
Addition von T	$T_l + T < T_r + T$	$x - 4 < 7 \quad \vert + 4$ $x - 4 + 4 < 7 + 4$ $x < 11$
Subtraktion von T	$T_l - T < T_r - T$	$x + 4 < 7 \quad \vert - 4$ $x + 4 - 4 < 7 - 4$ $x < 3$
Multiplikation mit T > 0	$T_l \cdot T < T_r \cdot T$ $T \neq 0$	$\frac{1}{4} x < 3 \quad \vert \cdot 4$ $\frac{1}{4} x \cdot 4 < 3 \cdot 4$ $x < 12$

Operation	Allgemein	Beispiel
Multiplikation mit $T < 0$	$T_l \cdot T < T_r \cdot T$ $T \neq 0$	$-\frac{1}{4}x < 3 \quad \vert \cdot (-4)$ $-\frac{1}{4}x \cdot (-4) > 3 \cdot (-4)$ $x > -12$
Division durch $T > 0$	$\frac{T_l}{T} < \frac{T_r}{T}$ $T \neq 0$	$5x < 10 \quad \vert : 5$ $\frac{5}{5}x < \frac{10}{5}$ $x < 2$
Division durch $T < 0$	$\frac{T_l}{T} < \frac{T_r}{T}$ $T \neq 0$	$-5x < 10 \quad \vert : (-5)$ $\frac{-5}{-5}x > \frac{10}{-5}$ $x > -2$

Lineare Gleichungssysteme (LGS)

Definition Zwei durch das Zeichen „∧" verknüpfte lineare Gleichungen mit zwei Variablen bezeichnet man als lineares Gleichungssystem mit zwei Variablen.

Schreibweise
  (I) $a_1 x + b_1 y = c_1$
∧ (II) $a_2 x + b_2 y = c_2$

Graphisches Lösen Jeder Graph der beiden Gleichungen wird in ein kartesisches Koordinatensystem eingetragen. Dabei können folgende drei Fälle auftreten:

Eine Lösung: $L = \{(x_s \vert y_s)\}$
Die Geraden schneiden sich in $S(x_s \vert y_s)$.

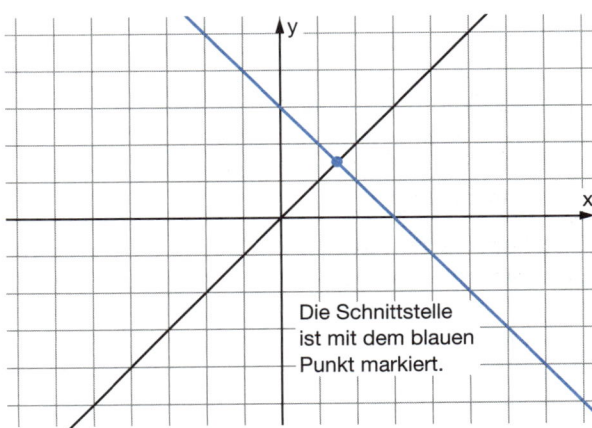

Die Schnittstelle ist mit dem blauen Punkt markiert.

Keine Lösung: L = { }
Die Geraden sind parallel.

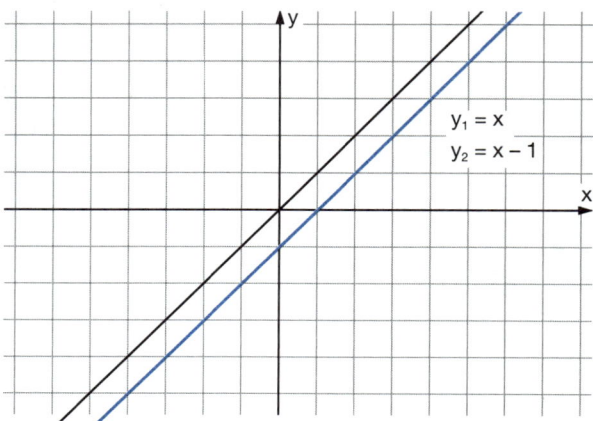

Unendlich viele Lösungen:
Die Geraden sind identisch.

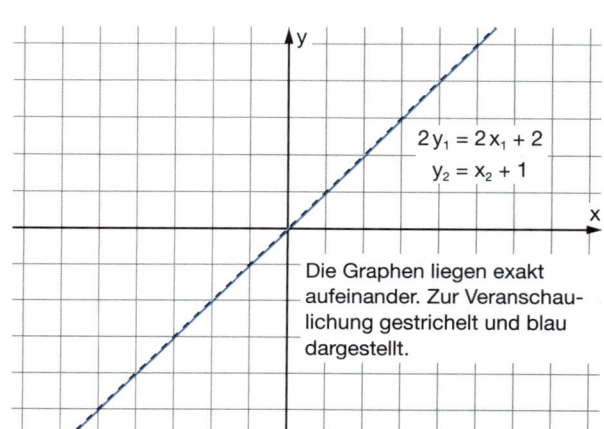

Die Graphen liegen exakt aufeinander. Zur Veranschaulichung gestrichelt und blau dargestellt.

Algebraisches Lösen

Einsetzverfahren
Eine der Gleichungen wird nach einer der Variablen aufgelöst und der erhaltene Term wird in die andere Gleichung eingesetzt, sodass eine lineare Gleichung mit einer Variablen entsteht.

$a_1 x + b_1 y = c_1$
$a_2 x + b_2 y = c_2$

$$\begin{cases} y = -\dfrac{a_1}{b_1} x + \dfrac{c_1}{b_1} \\ x = -\dfrac{b_2}{a_2} y + \dfrac{c_2}{a_2} \end{cases}$$

Gleichsetzverfahren
Beide Variablen werden nach ein und derselben Variablen aufgelöst und die beiden erhaltenen Terme werden gleichgesetzt, sodass eine lineare Gleichung mit einer Variablen entsteht.

$a_1 x + b_1 y = c_1$
$a_2 x + b_2 y = c_2$

$$\begin{cases} y = -\dfrac{a_1}{b_1} x + \dfrac{c_1}{b_1} \\ y = -\dfrac{a_2}{b_2} x + \dfrac{c_2}{b_2} \end{cases}$$

Additionsverfahren

Durch äquivalentes Umformen wird erreicht, dass die Koeffizienten einer der Variablen in beiden Gleichungen übereinstimmen bzw. sich nur im Vorzeichen unterscheiden.

$a_1 x + b_1 y = c_1$
$a_2 x + b_2 y = c_2$

$\begin{cases} a_1 x + b_1 y = c_1 & | \cdot (-a_2) \\ a_2 x + b_2 y = c_2 & | \cdot a_1 \end{cases}$

$\begin{cases} -a_1 a_2 x - b_1 a_2 y = -c_1 a_2 \\ a_1 a_2 x + b_2 a_1 y = c_2 a_1 \end{cases}$

oder

Addition der so umgeformten Gleichungen führt zu einer linearen Gleichung mit nur einer Variablen.

$a_1 x + b_1 y = c_1$
$a_2 x + b_2 y = c_2$

$\begin{cases} a_1 x + b_1 y = c_1 & | \cdot (-b_2) \\ a_2 x + b_2 y = c_2 & | \cdot b_1 \end{cases}$

$\begin{cases} -a_1 b_2 x - b_1 b_2 y = -c_1 b_2 \\ a_2 b_1 x + b_1 b_2 y = c_2 b_1 \end{cases}$

Lösen mithilfe von Determinanten

Zweireihige Determinante

$\begin{vmatrix} a_1 & b_1 \\ a_2 & b_2 \end{vmatrix} = a_1 b_2 - a_2 b_1$

Definition der Determinanten

$D_N = \begin{vmatrix} a_1 & b_1 \\ a_2 & b_2 \end{vmatrix} = a_1 b_2 - a_2 b_1$

$D_X = \begin{vmatrix} c_1 & b_1 \\ c_2 & b_2 \end{vmatrix} = c_1 b_2 - c_2 b_1$

$D_Y = \begin{vmatrix} a_1 & c_1 \\ a_2 & c_2 \end{vmatrix} = a_1 c_2 - a_2 c_1$

Bestimmung der Lösungen

$x = \dfrac{D_X}{D_N} \qquad y = \dfrac{D_Y}{D_N} \qquad D_N \neq 0$

$D_N \neq 0$ — eine Lösung: $L = \{(x_s | y_s)\}$

$D_N = 0 \qquad D_X \neq 0 \lor D_Y \neq 0$ — keine Lösung: $L = \{\,\}$

$D_N = 0 \qquad D_X = 0 \land D_Y = 0$ — unendlich viele Lösungen:
$L = \{(x|y) \,|\, a_1 x + b_1 y = c_1\}$
$L = \{(x|y) \,|\, a_2 x + b_2 y = c_2\}$

Proportionalitäten

Direkte Proportionalität

Wenn sich bei einer Zuordnung durch Verdoppelung (Verdreifachung, Vervierfachung, …) der Ausgangsgröße auch die zugeordnete Größe verdoppelt (verdreifacht, vervierfacht, …), handelt es sich um eine direkte Proportionalität.

Verhältnisgleichung

$$\frac{a}{c} = \frac{b}{d} \Rightarrow a \cdot d = b \cdot c$$

Proportionalitätsfaktor

$$\left. \begin{array}{l} b = k \cdot a \\ d = k \cdot c \end{array} \right\} \Rightarrow k = \frac{b}{a} = \frac{d}{c} \quad \text{quotientengleich}$$

Indirekte Proportionalität

Eine Zuordnung heißt indirekt Proportional, wenn sie folgende Eigenschaften besitzt:
– Verdoppelt (verdreifacht, vervierfacht, …) man die Ausgangsgröße, so wird die zugeordnete Größe halbiert (durch drei geteilt, durch vier geteilt, …).
– Teilt man die Ausgangsgröße durch zwei (drei, vier,…), so verdoppelt (verdreifacht, vervierfacht, …) sich die zugeordnete Größe.

Verhältnisgleichung

$$\frac{a}{c} = \frac{d}{b} \Rightarrow a \cdot b = c \cdot d$$

Proportionalitätsfaktor

$$\left. \begin{array}{l} b = k \cdot \frac{1}{a} \\ d = k \cdot \frac{1}{c} \end{array} \right\} \Rightarrow k = a \cdot b = c \cdot d \quad \text{produktgleich}$$

Dreisatz

Ein Verfahren, durch das mit drei gegebenen Größen eine vierte errechnet werden kann.
In allen Dreisatzaufgaben sind die gegebenen Größen direkt oder indirekt proportional.

Schritte

1. Schluss vom Wert der bekannten Mehrheit
2. auf den Wert für eine Mengeneinheit und
3. von dieser Einheit auf die gesuchte Mehrheit.

Ein Pkw verbraucht auf 100 km 9,6 Liter Benzin.
Welche Strecke kann er mit einer Tankfüllung von 60 Litern zurücklegen?

$9{,}6\,\ell \mathrel{\widehat{=}} 100\text{ km}$

$1\,\ell \mathrel{\widehat{=}} \dfrac{100\text{ km}}{9{,}6\,\ell}$

$\dfrac{100\text{ km} \cdot 60\,\ell}{9{,}6\,\ell} = 625\text{ km}$

Prozentrechnung

Grundgleichung

$$\frac{W}{p} = \frac{G}{100} \quad \text{bzw.} \quad \frac{W}{G} = p\,\%$$

G = Grundwert
W = Prozentwert
p % = Prozentsatz

Vermehrter Grundwert

$$\overline{G} = G \cdot \left(\frac{100 + p}{100}\right) \text{ nach prozentualem Aufschlag}$$

Verminderter Grundwert

$$\overline{G} = G \cdot \left(\frac{100 - p}{100}\right) \text{ nach prozentualem Abzug}$$

Relation und Funktion

Relation

$x \mapsto y$

Eine Relation ist eine Zuordnung $x \mapsto y$.
Dabei können jedem Element x mehrere Elemente y zugeordnet werden.

Funktion

f: Name der Funktion
x: Variable ($\in D$)
y: Variable ($\in W$)
$\mapsto$: wird zugeordnet

Ist jedem Element x einer Menge D (Definitionsbereich) genau ein Element y einer Menge W (Wertebereich) zugeordnet, so heißt die Menge der geordneten Paare (x,y) eine Funktion.
$f = \{(x; y): x \in D \wedge y \in W\}$

Schreibweise von Funktionen

$f(x) = 3x + 2$
$y = 3x + 2$
$x \mapsto 3x + 2$

Darstellung von Funktionen

Funktionsgleichung

$y = f(x)$

Funktionswert

Aus der Gleichung $y = f(x)$ ergibt sich mit $f(x_1)$ der Funktionswert an der Stelle x_1.

Wertetabelle

x	−2	−1	0	1	...
y = f(x)	f(−2)	f(−1)	f(0)	f(1)	...

Graphische Darstellungen

Pfeilbild

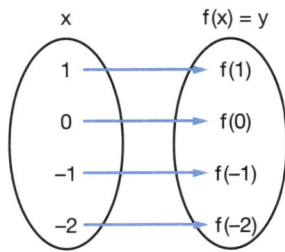

Koordinatensystem

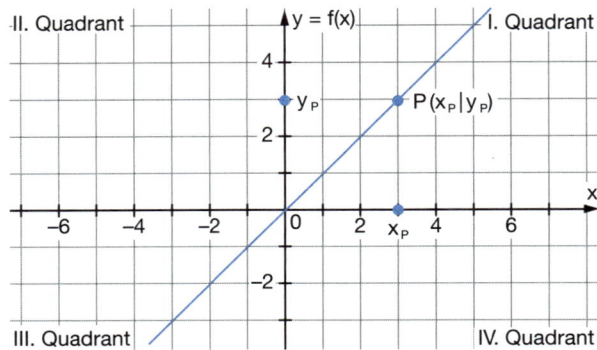

Die Menge aller Punkte $P(x_p|y_p)$ in einem kartesischen Koordinatensystem mit $x_p \in D$ und $y_p = f(x_p)$ nennt man Graph der Funktion f.
Die x-Koordinate eines Punktes heißt Abszissenwert und die y-Koordinate heißt Ordinatenwert.

Arten von Funktionen

Konstante

$y = c$

Lineare Funktionen

$y = x$
Winkelhalbierende im I. und III. Quadranten

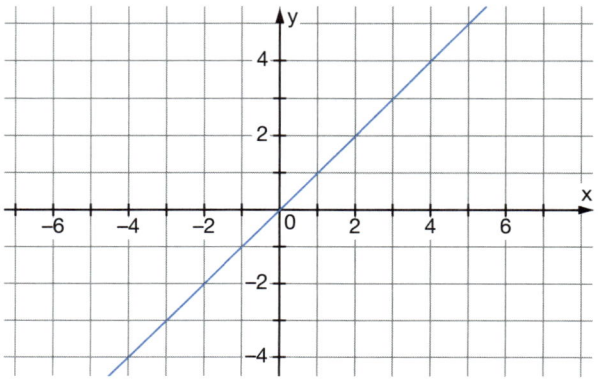

$y = m \cdot x$
Ursprungsgerade mit Steigung m

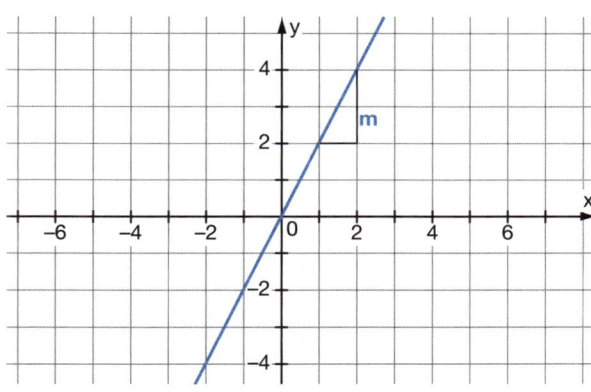

$y = m \cdot x + t$
Normalform

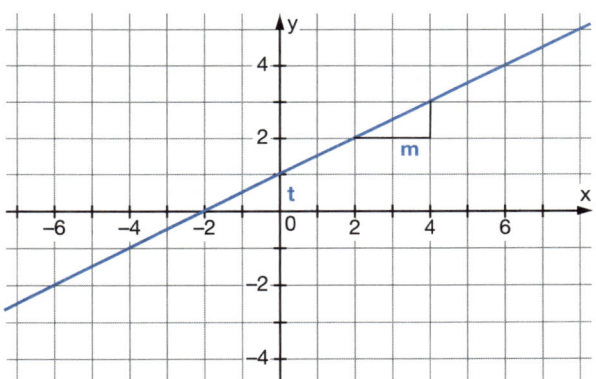

Eine Funktion f mit der Gleichung $y = m \cdot x + t$ heißt lineare Funktion. Der Graph der Funktion ist eine Gerade mit y-Achsenabschnitt t und Steigung m.

Steigungsfaktor

Ist der Verlauf einer Geraden durch die Punkte $A(x_A | y_A)$ und $B(x_B | y_B)$ festgelegt, so lässt sich aus den Koordinaten der Punkte der Steigungsfaktor m berechnen.

$$m = \frac{\Delta y}{\Delta x} = \frac{y_B - y_A}{x_B - x_A}$$

$m = \tan \alpha$

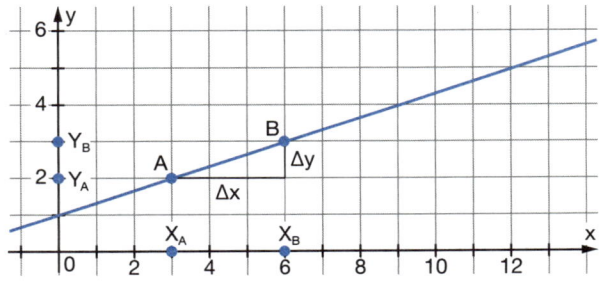

Der Wert von **m** bestimmt den Verlauf der Geraden im Koordinatensystem.

m > 0: steigende Gerade
m = 0: Parallele zur x-Achse
m < 0: fallende Gerade

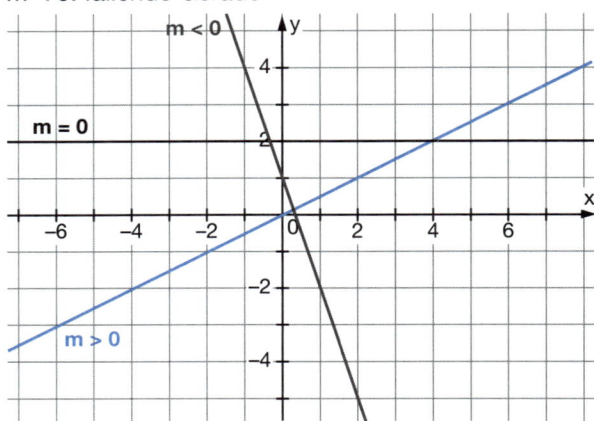

y-Achsenabschnitt

Der Wert von t bestimmt den Punkt S(0|t), an dem die Gerade die y-Achse schneidet.

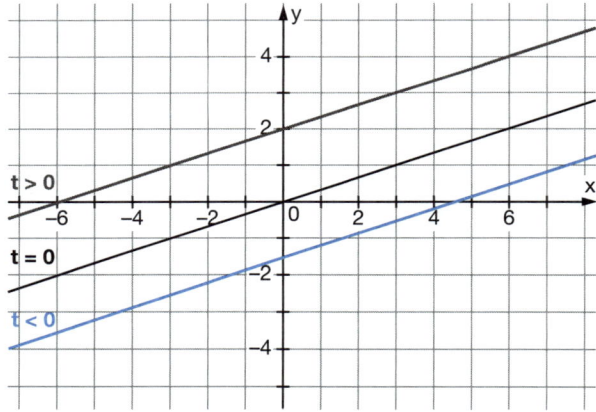

t > 0: Gerade schneidet die positive y-Achse.
t = 0: Die Gerade geht durch den Ursprung.
t < 0: Die Gerade schneidet die negative y-Achse.

Lage von Geraden

Parallelität

$g_1: y = m_1 x + t_1$
$g_2: y = m_2 x + t_2$

$m_1 = m_2 \Leftrightarrow g_1 \parallel g_2$

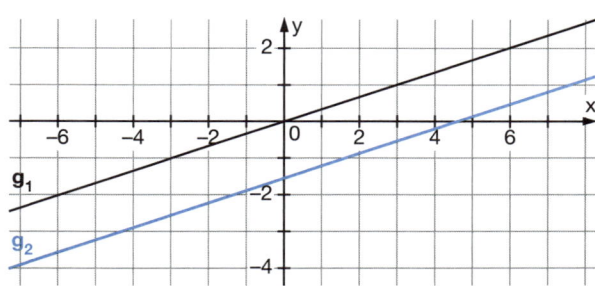

Orthogonalität

$g_1: y = m_1 x + t_1$
$g_2: y = m_2 x + t_2$

$m_1 \cdot m_2 = -1 \Leftrightarrow g_1 \perp g_2$

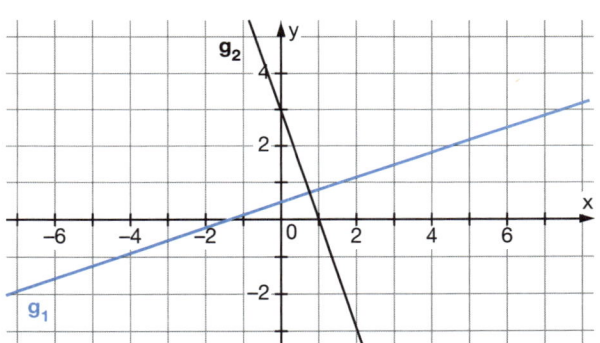

Punkt-Steigungs-Form der Geradengleichung

Die Funktionsgleichung $f(x)$ lässt sich aus den Koordinaten eines Punktes $P(x_p | y_p)$ und dem Steigungsfaktor m ermitteln.

$$y = f(x) = m(x - x_p) + y_p$$

Zwei-Punkte-Form der Geradengleichung

Die Funktionsgleichung $f(x)$ lässt sich aus den Koordinaten zweier Punkte $P_1(x_1 | y_1)$ und $P_2(x_2 | y_2)$ beschreiben.

$$\frac{y - y_1}{x - x_1} = \frac{y_2 - y_1}{x_2 - x_1} \qquad x_1 \neq x_2$$

Wurzeln und Potenzen

Wurzeln

Definition

$\sqrt[n]{a}$ ($a \in \mathbb{R}_0^+$, $n \in \mathbb{N}$) ist jene eindeutig bestimmte nichtnegative Zahl, deren n-te Potenz a ist.
$$(\sqrt[n]{a})^n = a$$
a heißt **Radikand** und *n* **Wurzelexponent**.

Spezieller Fall:
$\sqrt{a}$: Unter der **Quadratwurzel aus a** (sprich „Wurzel aus a") versteht man diejenige nicht negative Zahl, die quadriert a ergibt.

Monotonie

$0 < a < b \Leftrightarrow 0 < \sqrt[n]{a} < \sqrt[n]{b}$

Wurzelgesetze

Produkt

$\sqrt[n]{a} \cdot \sqrt[n]{b} = \sqrt[n]{a \cdot b}$; $\sqrt[m]{a} \cdot \sqrt[n]{a} = \sqrt[mn]{a^{m+n}}$

Potenz

$(\sqrt[n]{a})^m = \sqrt[n]{a^m}$

Quotient

$\dfrac{\sqrt[n]{a}}{\sqrt[n]{b}} = \sqrt[n]{\dfrac{a}{b}}$; $\dfrac{\sqrt[m]{a}}{\sqrt[n]{a}} = \sqrt[mn]{a^{n-m}}$

Wurzel

$\sqrt[m]{\sqrt[n]{a}} = \sqrt[n]{\sqrt[m]{a}} = \sqrt[mn]{a}$

Potenzen

Definition

$a^n = a \cdot a \cdot a \cdot a \cdot \ldots \cdot a$ (n Faktoren, $n \in \mathbb{N}$)
Eine **Potenz a^n** ist eine abkürzende Schreibweise für die Multiplikation gleicher Faktoren. **a** heißt **Basis** und **n Exponent**.

$a^0 = 1 \qquad a^1 = a \qquad a^{-n} = \dfrac{1}{a^n} \qquad \dfrac{1}{a^{-n}} = a^n$

Monotonie

1. Monotoniegesetz

$0 < a < b \wedge x > 0 \qquad \Rightarrow 0 < a^x < b^x$

2. Monotoniegesetz

$\begin{cases} x < z \wedge a > 1 \\ x < z \wedge 0 < a < 1 \end{cases} \qquad \begin{array}{l} \Rightarrow a^x < a^z \\ \Rightarrow a^x > a^z \end{array}$

Rechengesetze

Produkt

$a^x \cdot a^z = a^{x+z}$ $a^x \cdot b^x = (a \cdot b)^x$

Quotient

$\dfrac{a^x}{a^z} = a^{x-z}$ $\dfrac{a^x}{b^x} = \left(\dfrac{a}{b}\right)^x$

Potenz

$(a^x)^z = a^{xz} = (a^z)^x$

Schreibweise

$a^{\frac{1}{n}} = \sqrt[n]{a}$ $a^{-\frac{1}{n}} = \dfrac{1}{\sqrt[n]{a}}$ $a^{\frac{m}{n}} = \sqrt[n]{a^m}$ $a^{-\frac{m}{n}} = \dfrac{1}{\sqrt[n]{a^m}}$

Logarithmen

Sprechweise

Als Zeichen für den **Logarithmus** schreibt man **„log"**.

$a^c = b \Leftrightarrow \log_a b = c$
sprich: „Logarithmus von b zur Basis a"
(b = Numerus; c = Logarithmus)

Definition

$\log_a b$ ist jene eindeutig bestimmte Zahl x, mit der man a potenzieren muss, um b zu erhalten.

$a \in \mathbb{R}^+ \setminus \{1\}, b \in \mathbb{R}^+$

$\log_a b = c \Leftrightarrow a^c = b$

$a^{\log_a b} = b \qquad \log_a a = 1 \qquad \log_a 1 = 0$

Logarithmen spezieller Basen

Dekadischer Logarithmus (a = 10)
$\log_{10} b = \lg b; \qquad b = 10^x \Leftrightarrow x = \lg b$

Natürlicher Logarithmus (a = e = 2,718...)
$\log_e b = \ln b; \qquad b = e^x \Leftrightarrow x = \ln b$

Zweierlogarithmus (b = 2)
$\log_2 b = \mathrm{lb}\, b; \qquad b = 2^x \Leftrightarrow x = \mathrm{lb}\, b$

Logarithmengesetze

Für alle $u, v \in \mathbb{R}; u, v > 0$ gilt:

$\log_a (u \cdot v) = \log_a u + \log_a v$

$\log_a \frac{u}{v} = \log_a u - \log_a v$

$\log_a u^r = r \cdot \log_a u \quad (r \in \mathbb{R})$

$\log_a \sqrt[n]{u} = \frac{1}{n} \cdot \log_a u \quad (n \in \mathbb{N}^* \setminus 1)$

Basiswechsel

$\log_c b = \frac{\log_a b}{\log_a c} = \frac{\ln b}{\ln c} = \frac{\lg b}{\lg c}; \qquad c, a \in \mathbb{R}^+ \setminus \{1\}, b \in \mathbb{R}^+$

Schreibweise

$a^c = e^{c \cdot \ln a} \quad (c \in \mathbb{R})$

$\log_b a \cdot \log_a b = 1$

Quadratische Gleichungen

Reinquadratische Gleichung

Bei einer quadratischen Gleichung kommt die unbekannte Variable x mindestens einmal in der 2. Potenz vor.
Eine Gleichung der Form $ax^2 + c = 0$ wird als reinquadratisch bezeichnet.

In $\mathbb{R}$ genau 2 Lösungen, wenn $\frac{-c}{a} > 0$,
genau 1 Lösung, wenn $c = 0$.

$$x_1 = +\sqrt{\frac{-c}{a}} \qquad x_2 = -\sqrt{\frac{-c}{a}}$$

Eine Gleichung der Form
$ax^2 + bx = 0 \qquad x \cdot (ax + b) = 0$
wird als gemischtquadratisch bezeichnet.
Es fehlt das Absolutglied (konstante Glied).

Lösungen: $x_1 = 0 \qquad x_2 = \frac{-b}{a}$

Allgemeine Form

$ax^2 + bx + c = 0 \quad (a \neq 0)$

$$x_{1/2} = \frac{-b \pm \sqrt{b^2 - 4 \cdot a \cdot c}}{2 \cdot a}$$

Diskriminante D: $D = b^2 - 4 \cdot a \cdot c$

In $\mathbb{R}$ genau 2 Lösungen, wenn $b^2 - 4 \cdot a \cdot c > 0$,
genau 1 Lösung, wenn $b^2 - 4 \cdot a \cdot c = 0$,
keine Lösung, wenn $b^2 - 4 \cdot a \cdot c < 0$.

Normalform, auch p-q-Form genannt

$x^2 + px + q = 0$

$$x_{1/2} = -\frac{p}{2} \pm \sqrt{\left(\frac{p}{2}\right)^2 - q}$$

Diskriminante D: $D = \left(\frac{p}{2}\right)^2 - q = \frac{p^2}{4} - q$

In $\mathbb{R}$ genau 2 Lösungen, wenn $\left(\frac{p}{2}\right)^2 - q > 0$

genau 1 Lösung, wenn $\left(\frac{p}{2}\right)^2 - q = 0$

keine Lösung, wenn $\left(\frac{p}{2}\right)^2 - q < 0$.

Satz von Vieta

Falls die quadratische Gleichung $x^2 + px + q = 0$ zwei reelle Lösungen x_1 und x_2 hat, so ist die Summe der beiden Lösungen $-p$, und ihr Produkt ist q.

$ax^2 + bx + c = 0$

$x_1 + x_2 = -\dfrac{b}{a}$

$x_1 \cdot x_2 = \dfrac{c}{a}$

$x^2 + px + q = 0$

$x_1 + x_2 = -p$
$x_1 \cdot x_2 = q$

Quadratische Funktionen

Normalform
$y = ax^2 + bx + c \quad (a \neq 0)$

Eine Funktion, deren Funktionsgleichung auf die Form $\mathbf{y = ax^2 + bx + c}$ gebracht werden kann, heißt **quadratische Funktion**.

Symmetrieachse
$x = x_s$ (Gerade durch den Scheitel)

Der **Graph** einer quadratischen Funktion heißt **Parabel**.
Der Schnittpunkt der Parabel mit ihrer Symmetrieachse heißt **Scheitelpunkt $S(x_s | y_s)$** der Parabel.

Scheitelpunktform
$y = a(x - x_s)^2 + y_s$
$S(x_s | y_s)$

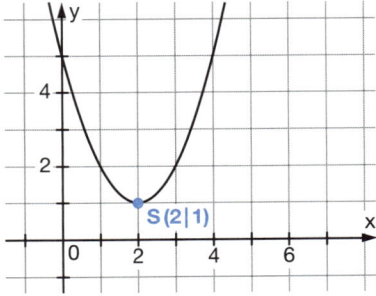

Umrechnung

$x_s = -\dfrac{b}{2a}$

$y_s = c - \dfrac{b^2}{4a}$

Normalparabel
$y = x^2$

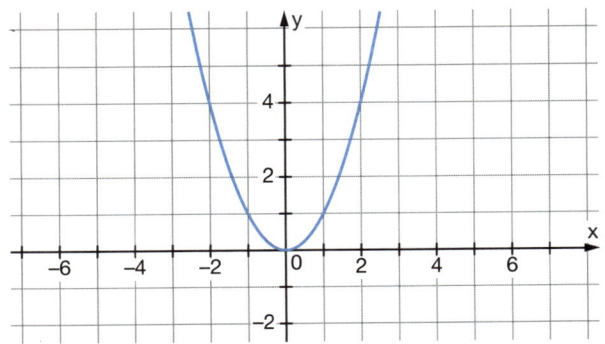

Symmetrie zur y-Achse: $f(x) = f(-x)$

Formänderung

a > 0 Parabel nach oben offen
a < 0 Parabel nach unten offen
|a| < 1 gestauchte Parabel
|a| > 1 gestreckte Parabel

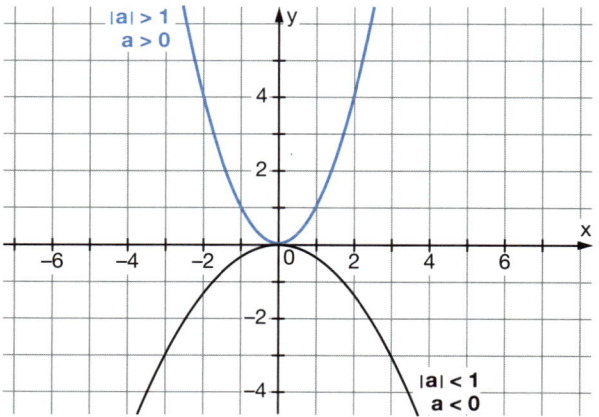

Achsenschnittpunkte

Schnittpunkt mit der x-Achse (Nullstellen):
y = 0

$ax^2 + bx + c = 0$

Lösung: $x_{1/2} = \dfrac{-b \pm \sqrt{b^2 - 4 \cdot a \cdot c}}{2 \cdot a}$

$x_1 = \dfrac{-b - \sqrt{b^2 - 4ac}}{2 \cdot a}$

$x_2 = \dfrac{-b + \sqrt{b^2 - 4ac}}{2 \cdot a}$

$ax^2 + bx + c = 0 \Rightarrow x^2 + \dfrac{b}{a}x + \dfrac{c}{a} = 0$

mit $p = \dfrac{b}{a}$ und $q = \dfrac{c}{a}$ folgt: $x^2 + px + q = 0$

$x_{1/2} = -\dfrac{p}{2} \pm \sqrt{\left(\dfrac{p}{2}\right)^2 - q}$

Gilt $f(x_0) = 0$, dann heißt x_0 Nullstelle von f.
Der Graph der Funktion f schneidet oder berührt die x-Achse im Punkt $N(x_0 | 0)$.

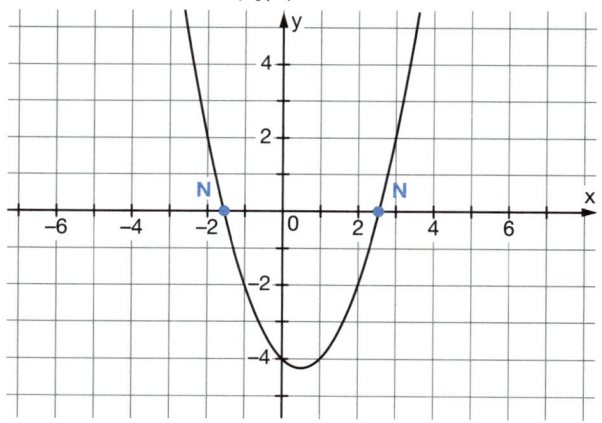

Schnittpunkt mit der y-Achse: x = 0

x = 0 ⇒ f(0)

Der Graph einer Funktion schneidet die y-Achse im Punkt $S_y(0\,|\,f(0)) = S_y(0\,|\,c)$.

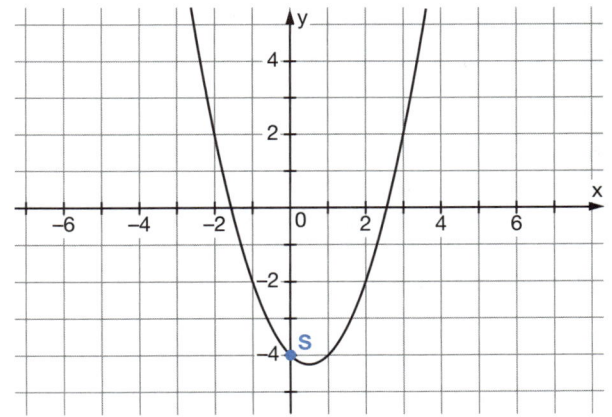

Sätze am rechtwinkligen Dreieck

Rechtwinkliges Dreieck

Dreiecke mit einem Winkel von 90° nennt man rechtwinkliges Dreieck.

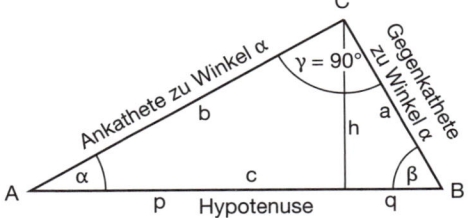

Satz des Pythagoras

Der **Satz des Pythagoras** besagt, dass die Summe der **Flächeninhalte** der beiden Quadrate über den Katheten im rechtwinkligen Dreieck gleich dem Flächeninhalt des Quadrats über der Hypotenuse ist.

$a^2 + b^2 = c^2$

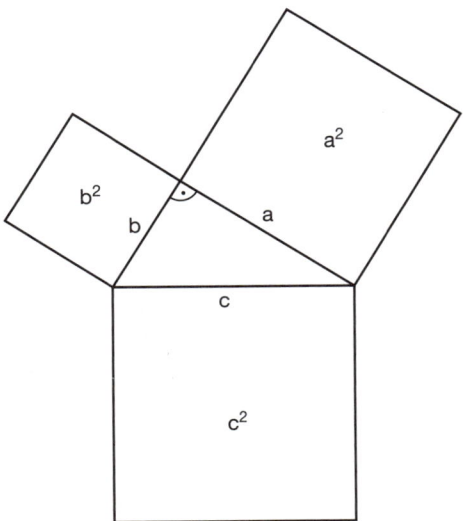

Höhensatz des Euklid

In einem rechtwinkligen Dreieck besteht zwischen der Höhe h und den Hypotenusenabschnitten p und q die Beziehung:
$h^2 = q \cdot p$
In einem rechtwinkligen Dreieck hat das Quadrat über der Höhe h denselben Flächeninhalt wie das Rechteck aus den Hypotenusenabschnitten p und q.

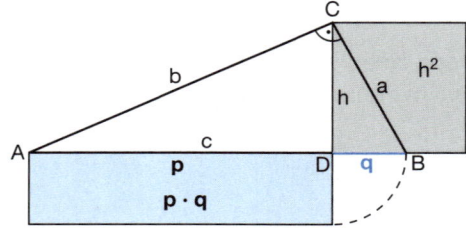

Kathetensatz des Euklid

Im rechtwinkligen Dreieck gelten zwischen den Katheten a bzw. b, den Hypotenusenabschnitten p bzw. q und der Hypotenuse c die Beziehungen:
$a^2 = c \cdot q$
$b^2 = c \cdot p$
In einem rechtwinkligen Dreieck hat das Quadrat über einer Kathete denselben Flächeninhalt wie das Rechteck aus der Hypotenuse und dem anliegenden Hypotenusenabschnitt.

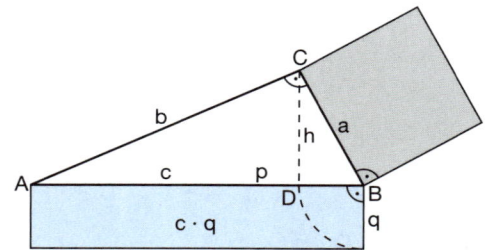

Winkelfunktionen

Sinusfunktion

P(x|y) ist ein Punkt auf dem Einheitskreis, α ist der Winkel zwischen Radius $\overline{OP}$ und der positiven x-Achse.
Die y-Koordinate des Punktes P heißt sin α (gelesen: Sinus α) für alle Winkel zwischen 0° und 360°.
Die Zuordnung α → sin α heißt Sinusfunktion.

Unter der Sinusfunktion versteht man diejenige Funktion, die jedem Mittelpunktswinkel α im Einheitskreis die y-Koordinate des Punktes P(x; y) auf dem Kreis zuordnet.

$\sin \alpha = \dfrac{\text{Gegenkathete}}{1} = \text{Gegenkathete}$

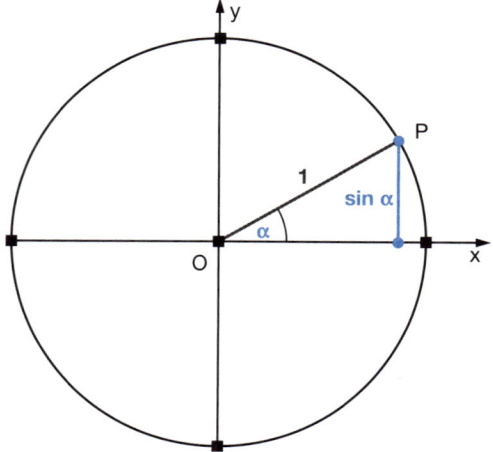

Kosinusfunktion

P(x|y) ist ein Punkt auf dem Einheitskreis, α ist der Winkel zwischen Radius $\overline{OP}$ und der positiven x-Achse.
Die x-Koordinate des Punktes P heißt cos α (gelesen: Kosinus α) für alle Winkel zwischen 0° und 360°.
Die Zuordnung α → cos α heißt Kosinusfunktion.

Unter der Kosinusfunktion versteht man diejenige Funktion, die jedem Mittelpunktswinkel α im Einheitskreis die x-Koordinate des Punktes P(x; y) auf dem Kreis zuordnet.

$\cos \alpha = \dfrac{\text{Ankathete}}{1} = \text{Ankathete}$

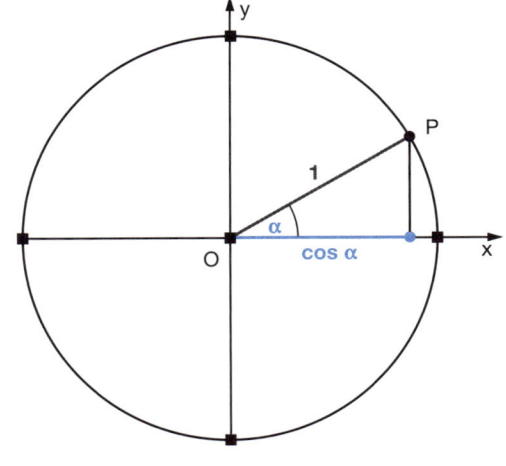

Tangensfunktion

Unter der Tangensfunktion versteht man diejenige Funktion, die jedem Mittelpunktswinkel α im Einheitskreis den Quotienten aus Sinus- und Kosinuswert zuordnet.

$\tan \alpha = \dfrac{\sin \alpha}{\cos \alpha}$

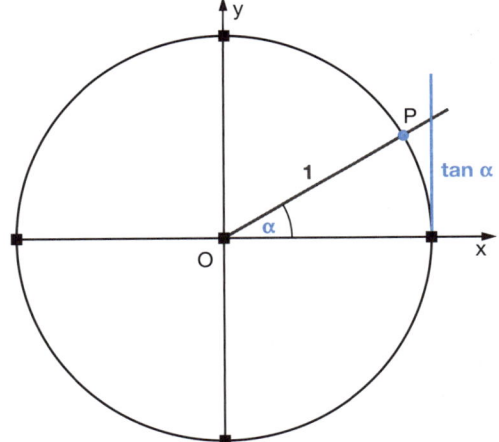

Definitionen am rechtwinkligen Dreieck

Sinus $\sin\alpha = \dfrac{\text{Gegenkathete}}{\text{Hypotenuse}} = \dfrac{b}{c}$

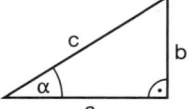

Kosinus $\cos\alpha = \dfrac{\text{Ankathete}}{\text{Hypotenuse}} = \dfrac{a}{c}$

Tangens $\tan\alpha = \dfrac{\text{Gegenkathete}}{\text{Ankathete}} = \dfrac{b}{a}$

Kotangens $\cot\alpha = \dfrac{\text{Ankathete}}{\text{Gegenkathete}} = \dfrac{a}{b}$

Werte für spezielle Winkel

	0°	30°	45°	60°	90°
$\sin\alpha$	0	$\tfrac{1}{2}$	$\tfrac{1}{2}\sqrt{2}$	$\tfrac{1}{2}\sqrt{3}$	1
$\cos\alpha$	1	$\tfrac{1}{2}\sqrt{3}$	$\tfrac{1}{2}\sqrt{2}$	$\tfrac{1}{2}$	0
$\tan\alpha$	0	$\tfrac{1}{3}\sqrt{3}$	1	$\sqrt{3}$	–
$\cot\alpha$	–	$\sqrt{3}$	1	$\tfrac{1}{3}\sqrt{3}$	0

Vorzeichen in den vier Quadranten

	I	II	III	IV
$\sin\alpha$	+	+	–	–
$\cos\alpha$	+	–	–	+
$\tan\alpha$	+	–	+	–
$\cot\alpha$	+	–	+	–

Trigonometrischer Pythagoras

$\sin^2\alpha + \cos^2\alpha = 1$

Beziehungen zwischen Sinus, Kosinus und Tangens

$\tan\alpha = \dfrac{\sin\alpha}{\cos\alpha}$ $\cot\alpha = \dfrac{\cos\alpha}{\sin\alpha}$

$\tan\alpha \cdot \cot\alpha = 1$

$1 + \tan^2\alpha = \dfrac{1}{\cos^2\alpha}$ $1 + \cot^2\alpha = \dfrac{1}{\sin^2\alpha}$

Reduktionsformeln

	90° ± α	180° ± α	270° ± α	360° ± α	–α
sin	$+\cos\alpha$	$\mp\sin\alpha$	$-\cos\alpha$	$\pm\sin\alpha$	$-\sin\alpha$
cos	$\mp\sin\alpha$	$-\cos\alpha$	$\pm\sin\alpha$	$+\cos\alpha$	$+\cos\alpha$
tan	$\mp\cot\alpha$	$\pm\tan\alpha$	$\mp\cot\alpha$	$\pm\tan\alpha$	$-\tan\alpha$
cot	$\mp\tan\alpha$	$\pm\cot\alpha$	$\mp\tan\alpha$	$\pm\cot\alpha$	$-\cot\alpha$

Summen und Differenzen

$\sin(\alpha \pm \beta) = \sin\alpha \cdot \cos\beta \pm \cos\alpha \cdot \sin\beta$
$\cos(\alpha \pm \beta) = \cos\alpha \cdot \cos\beta \mp \sin\alpha \cdot \sin\beta$

$\tan(\alpha \pm \beta) = \dfrac{\tan\alpha \pm \tan\beta}{1 \mp \tan\alpha \cdot \tan\beta}$

$\sin\alpha + \sin\beta = 2\sin\dfrac{\alpha+\beta}{2}\cos\dfrac{\alpha-\beta}{2}$

$\sin\alpha - \sin\beta = 2\cos\dfrac{\alpha+\beta}{2}\sin\dfrac{\alpha-\beta}{2}$

$\cos\alpha + \cos\beta = 2\cos\dfrac{\alpha+\beta}{2}\cos\dfrac{\alpha-\beta}{2}$

$\cos\alpha - \cos\beta = -2\sin\dfrac{\alpha+\beta}{2}\sin\dfrac{\alpha-\beta}{2}$

$\tan\alpha \pm \tan\beta = \dfrac{\sin(\alpha \pm \beta)}{\cos\alpha \cdot \cos\beta}$

Vielfache und Teile

$\sin 2\alpha = 2\sin\alpha \cdot \cos\alpha$

$\sin 3\alpha = 3\sin\alpha - 4\sin^3\alpha$

$\sin\dfrac{\alpha}{2} = \sqrt{\dfrac{1-\cos\alpha}{2}}$

$\cos 2\alpha = \cos^2\alpha - \sin^2\alpha = 2\cos^2\alpha - 1 = 1 - 2\sin^2\alpha$

$\cos 3\alpha = 4\cos^3\alpha - 3\cos\alpha$

$\cos\dfrac{\alpha}{2} = \sqrt{\dfrac{1+\cos\alpha}{2}}$

$\tan 2\alpha = \dfrac{2\tan\alpha}{1-\tan^2\alpha} = \dfrac{2}{\cot\alpha - \tan\alpha}$

$\tan\dfrac{\alpha}{2} = \dfrac{\sin\alpha}{1+\cos\alpha} = \dfrac{1-\cos\alpha}{\sin\alpha} = \sqrt{\dfrac{1-\cos\alpha}{1+\cos\alpha}}$

$\cot 2\alpha = \dfrac{\cot^2\alpha - 1}{2\cot\alpha} = \dfrac{\cot\alpha - \tan\alpha}{2}$

Produkte

$\sin\alpha \cdot \sin\beta = \dfrac{1}{2}[\cos(\alpha-\beta) - \cos(\alpha+\beta)]$

$\cos\alpha \cdot \cos\beta = \dfrac{1}{2}[\cos(\alpha-\beta) + \cos(\alpha+\beta)]$

$\tan\alpha \cdot \tan\beta = \dfrac{\tan\alpha + \tan\beta}{\cot\alpha + \cot\beta}$

$\cot\alpha \cdot \cot\beta = \dfrac{\cot\alpha + \cot\beta}{\tan\alpha + \tan\beta}$

Trigonometrische Berechnungen am allgemeinen Dreieck

Sinussatz

$$\frac{a}{\sin\alpha} = \frac{b}{\sin\beta} = \frac{c}{\sin\gamma}$$

Kosinussatz

$$c^2 = a^2 + b^2 - 2ab\cos\gamma$$
$$a^2 = b^2 + c^2 - 2bc\cos\alpha$$
$$b^2 = a^2 + c^2 - 2ac\cos\beta$$

Flächeninhalt

$$A = \frac{1}{2}ab\sin\gamma = \frac{1}{2}ac\sin\beta = \frac{1}{2}bc\sin\alpha$$
$$A = 2r^2\sin\alpha\sin\beta\sin\gamma$$
(r = Radius des Umkreises)

Höhen

$$h_a = b\sin\gamma = c\sin\beta$$
$$h_b = a\sin\gamma = c\sin\alpha$$
$$h_c = b\sin\alpha = a\sin\beta$$

Seitenhalbierende

$$s_a = \frac{1}{2}\sqrt{b^2 + c^2 + 2bc\cos\alpha}$$
$$s_b = \frac{1}{2}\sqrt{a^2 + c^2 + 2ac\cos\beta}$$
$$s_c = \frac{1}{2}\sqrt{a^2 + b^2 + 2ab\cos\gamma}$$

Winkelhalbierende

$$w_\alpha = \frac{2bc\cos\frac{\alpha}{2}}{b+c}$$
$$w_\beta = \frac{2ac\cos\frac{\beta}{2}}{a+c}$$
$$w_\gamma = \frac{2ab\cos\frac{\gamma}{2}}{a+b}$$

Inkreisradius (p)

$$p = (s-a)\tan\frac{\alpha}{2} = (s-b)\tan\frac{\beta}{2} = (s-c)\tan\frac{\gamma}{2}$$
$$\text{mit } s = \frac{u}{2} = \frac{a+b+c}{2}$$

Umkreisradius

$$r = \frac{a}{2\sin\alpha} = \frac{b}{2\sin\beta} = \frac{c}{2\sin\gamma}$$

Projektionssatz

$$a = b\cos\gamma + c\cos\beta$$
$$b = a\cos\gamma + c\cos\alpha$$
$$c = a\cos\beta + b\cos\alpha$$

Bogenmaß

$$U = 2 \cdot \pi \cdot r \quad (U = \text{Umfang}; r = 1 \text{ (Einheitskreis)})$$
$$U = 2 \cdot \pi \cdot 1 = \mathbf{2\pi} = 360°$$

Umrechnung Grad – Bogenmaß

$$\frac{\alpha}{360°} = \frac{x}{2\pi}$$

α = Winkelgröße im Gradmaß
x = Winkelgröße im Bogenmaß

2. Vektorrechnung und Analytische Geometrie

Vektoren

Definition

Ein Vektor ist eine Größe, die durch Betrag und Richtung festgelegt ist. Ein Vektor ist frei in der Ebene oder im Raum verschiebbar.

Geometrische Merkmale eines Vektors

Gegenvektor

Der zu $\vec{v}$ inverse Vektor heißt Gegenvektor. Er ist gekennzeichnet durch gleiche Richtung und gleichen Betrag, aber umgekehrte Orientierung.

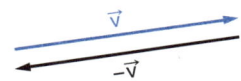

Schreibweisen und Darstellungen

Allgemeine Schreibweise

kleiner Buchstabe mit einem Pfeil $\vec{v}$

Komponentenschreibweise

$\mathbb{R}^2: \vec{a} = \begin{pmatrix} a_1 \\ a_2 \end{pmatrix}$

Darstellung in der Ebene $\mathbb{R}^2$

Ein Vektor $\vec{a}$ besteht aus Richtungskomponenten $\begin{pmatrix} a_1 \\ a_2 \end{pmatrix}$.

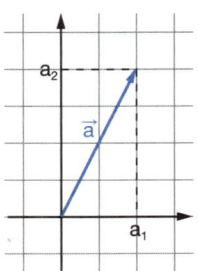

Darstellung im Raum $\mathbb{R}^3$

$\mathbb{R}^3: \vec{a} = \begin{pmatrix} a_1 \\ a_2 \\ a_3 \end{pmatrix}$

Ortsvektor

Wird O als Ursprung bezeichnet, dann ist jedem Punkt P eindeutig ein Ortsvektor $\overrightarrow{OP} = \vec{p}$ zugeordnet.

Ein Ortsvektor hat den Pfeilanfang im Koordinatenursprung.
Die Richtungskomponenten eines Ortsvektors haben dieselben Werte wie die Koordinaten des Punktes an seiner Pfeilspitze.

$\overrightarrow{OA} = \vec{a} = \begin{pmatrix} a_1 \\ a_2 \\ a_3 \end{pmatrix}$

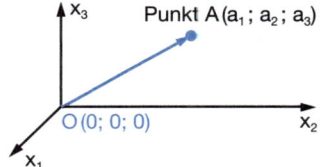

Punkt $A(a_1; a_2; a_3)$
$O(0; 0; 0)$

Basisvektoren

Basisvektoren sind Einheitsvektoren der Koordinatenachsen.

$\vec{e}_1 = \begin{pmatrix} 1 \\ 0 \\ 0 \end{pmatrix}; \quad \vec{e}_2 = \begin{pmatrix} 0 \\ 1 \\ 0 \end{pmatrix}; \quad \vec{e}_3 = \begin{pmatrix} 0 \\ 0 \\ 1 \end{pmatrix}$

Nullvektor

$\vec{0} = \begin{pmatrix} 0 \\ 0 \\ 0 \end{pmatrix}$

$|\vec{0}| = 0$ Der Nullvektor hat den Betrag null und keine bestimmte Richtung.

Rechenoperationen, Verknüpfungen und Formeln

Gleichheit zweier Vektoren $\vec{a} = \vec{b}$

$\mathbb{R}^2: \vec{a} = \vec{b}; \begin{pmatrix} a_1 \\ a_2 \end{pmatrix} = \begin{pmatrix} b_1 \\ b_2 \end{pmatrix} \Leftrightarrow \begin{cases} a_1 = b_1 \\ a_2 = b_2 \end{cases}$

$\mathbb{R}^3: \vec{a} = \vec{b}; \begin{pmatrix} a_1 \\ a_2 \\ a_3 \end{pmatrix} = \begin{pmatrix} b_1 \\ b_2 \\ b_3 \end{pmatrix} \Leftrightarrow \begin{cases} a_1 = b_1 \\ a_2 = b_2 \\ a_3 = b_3 \end{cases}$

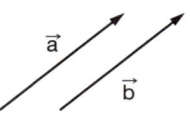

Addition zweier Vektoren $\vec{a} + \vec{b}$

$\mathbb{R}^2: \vec{a} + \vec{b} = \begin{pmatrix} a_1 \\ a_2 \end{pmatrix} + \begin{pmatrix} b_1 \\ b_2 \end{pmatrix} = \begin{pmatrix} a_1 + b_1 \\ a_2 + b_2 \end{pmatrix}$

$\mathbb{R}^3: \vec{a} + \vec{b} = \begin{pmatrix} a_1 \\ a_2 \\ a_3 \end{pmatrix} + \begin{pmatrix} b_1 \\ b_2 \\ b_3 \end{pmatrix} = \begin{pmatrix} a_1 + b_1 \\ a_2 + b_2 \\ a_3 + b_3 \end{pmatrix}$

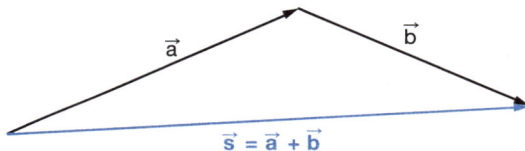

Die Summe einer geschlossenen Vektorkette ist der Nullvektor $\vec{a} + \vec{b} + (-\vec{s}) = \vec{0}$.

Subtraktion zweier Vektoren $\vec{a} - \vec{b}$

$\mathbb{R}^2: \vec{a} - \vec{b} = \begin{pmatrix} a_1 \\ a_2 \end{pmatrix} - \begin{pmatrix} b_1 \\ b_2 \end{pmatrix} = \begin{pmatrix} a_1 - b_1 \\ a_2 - b_2 \end{pmatrix}$

$\mathbb{R}^3: \vec{a} - \vec{b} = \begin{pmatrix} a_1 \\ a_2 \\ a_3 \end{pmatrix} - \begin{pmatrix} b_1 \\ b_2 \\ b_3 \end{pmatrix} = \begin{pmatrix} a_1 - b_1 \\ a_2 - b_2 \\ a_3 - b_3 \end{pmatrix}$

Die Vektorsubtraktion ist als Umkehrung der Vektoraddition definiert.

$\vec{a} = \vec{b} + \vec{d} \Leftrightarrow \vec{d} = \vec{a} - \vec{b}$

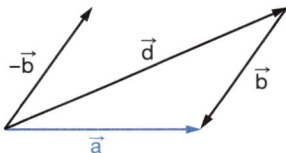

Rechenregeln

Kommutativgesetz

$\vec{a} + \vec{b} = \vec{b} + \vec{a}$

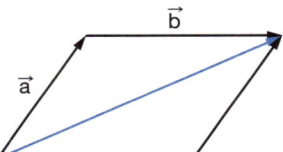

Assoziativgesetz

$$\vec{a} + (\vec{b} + \vec{c}) = (\vec{a} + \vec{b}) + \vec{c}$$

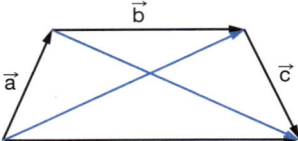

S-Multiplikation von Vektoren

Ist λ eine reelle Zahl ($\lambda \neq 0$) und $\vec{a}$ ein Vektor, so versteht man unter dem Produkt $\lambda \cdot \vec{a}$ den Vektor, dessen Betrag $|\lambda|$-mal so groß ist wie der von $\vec{a}$ und dessen Richtung
- gleich der von $\vec{a}$ ist, wenn $\lambda > 0$,
- entgegengesetzt der von $\vec{a}$ ist, wenn $\lambda < 0$.

Wenn $\lambda = 0$, ist $\lambda \cdot \vec{a}$ der Nullvektor.

$$\mathbb{R}^2: \lambda \cdot \vec{a} = \lambda \cdot \begin{pmatrix} a_1 \\ a_2 \end{pmatrix} = \begin{pmatrix} \lambda a_1 \\ \lambda a_2 \end{pmatrix}$$

$$\mathbb{R}^3: \lambda \cdot \vec{a} = \lambda \cdot \begin{pmatrix} a_1 \\ a_2 \\ a_3 \end{pmatrix} = \begin{pmatrix} \lambda a_1 \\ \lambda a_2 \\ \lambda a_3 \end{pmatrix}$$

Skalare Vervielfachung

Bezüglich der Addition gelten die beiden **Distributivgesetze**.

$$\lambda \cdot (\vec{a} + \vec{b}) = \lambda \cdot \vec{a} + \lambda \cdot \vec{b}$$

$$(\lambda_1 + \lambda_2) \cdot \vec{a} = \lambda_1 \cdot \vec{a} + \lambda_2 \cdot \vec{a}$$

Bezüglich der Multiplikation gilt das **Assoziativgesetz**.

$$(\lambda_1 \cdot \lambda_2) \cdot \vec{a} = \lambda_1 \cdot (\lambda_2 \cdot \vec{a})$$

Lineare Abhängigkeit von Vektoren

Kollinearität

2 Vektoren $\vec{a} \neq \vec{0}$ und $\vec{b} \neq \vec{0}$ sind dann linear abhängig (kollinear), wenn sie parallel sind.
$\vec{b} = m \cdot \vec{a}$

Komplanarität

3 Vektoren unterschiedlicher Richtung $\vec{a} \neq \vec{0}$, $\vec{b} \neq \vec{0}$ und $\vec{c} \neq \vec{0}$ sind dann linear abhängig (komplanar), wenn sie in einer Ebene liegen.
$\vec{c} = m \cdot \vec{a} + n \cdot \vec{b}$

Vektor als Differenz zweier Ortsvektoren
$\mathbb{R}^2$: $\overrightarrow{AB} = \vec{b} - \vec{a} = \begin{pmatrix} b_1 - a_1 \\ b_2 - a_2 \end{pmatrix}$ mit $A(a_1; a_2)$, $B(b_1; b_2)$

$\mathbb{R}^3$: $\overrightarrow{AB} = \vec{b} - \vec{a} = \begin{pmatrix} b_1 - a_1 \\ b_2 - a_2 \\ b_2 - a_3 \end{pmatrix}$ mit $A(a_1; a_2; a_3)$, $B(b_1; b_2; b_3)$

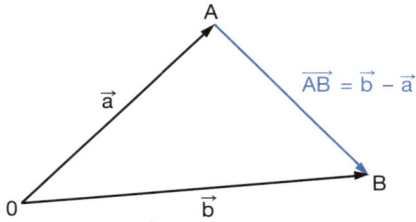

Betrag

Unter dem Betrag versteht man die Länge des Vektors.

$|\vec{a}| = a = \sqrt{\vec{a} \circ \vec{a}} = \sqrt{(\vec{a})^2}$

$|\vec{a}| = a$ mit $|\vec{a}| = \left\| \begin{pmatrix} a_1 \\ a_2 \\ a_3 \end{pmatrix} \right\| = \sqrt{a_1^2 + a_2^2 + a_3^2}$

Skalarprodukt

Definition

Zwei Vektoren $\vec{a}$ und $\vec{b}$ ist genau eine reelle Zahl (Skalar) $\vec{a} \circ \vec{b}$ zugeordnet:

$\vec{a} \circ \vec{b} = |\vec{a}| \cdot |\vec{b}| \cdot \cos\gamma$, $(0 \leq \gamma \leq \pi)$

$\vec{a} \circ \vec{b} = \begin{pmatrix} a_1 \\ a_2 \\ a_3 \end{pmatrix} \circ \begin{pmatrix} b_1 \\ b_2 \\ b_3 \end{pmatrix} = a_1 \cdot b_1 + a_2 \cdot b_2 + a_3 \cdot b_3$

Winkel zwischen zwei Vektoren

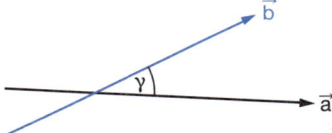

$\cos\gamma = \dfrac{\vec{a} \circ \vec{b}}{|\vec{a}| \cdot |\vec{b}|} = \dfrac{a_1 b_1 + a_2 b_2 + a_3 b_3}{\sqrt{a_1^2 + a_2^2 + a_3^2} \sqrt{b_1^2 + b_2^2 + b_3^2}}$

Zueinander senkrechte Vektoren

$\vec{a} \circ \vec{b} = 0 \Leftrightarrow \vec{a} \perp \vec{b},$ $\vec{a} \neq \vec{0}, \vec{b} \neq \vec{0}$

Geradengleichungen und Ebenengleichungen in Parameterform

Vektorielle Punkt-Richtungs-Form

$$\vec{x} = \vec{a} + \lambda \cdot \vec{u}$$
$(-\infty < \lambda < +\infty;\ \vec{u} \neq \vec{0})$

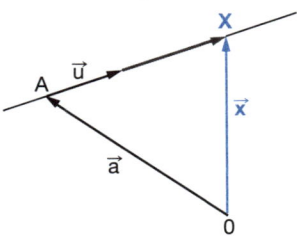

Vektorielle Zwei-Punkte-Form

$$\vec{x} = \vec{a} + \lambda \cdot (\vec{b} - \vec{a})$$
$(-\infty < \lambda < +\infty;\ \vec{a} \neq \vec{b})$

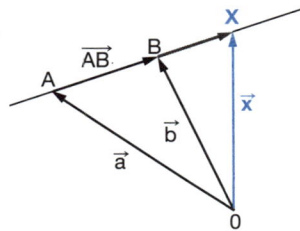

Ebenengleichung

Parameterform

Ebene durch A (Ortsvektor $\vec{a}$), aufgespannt von zwei linear unabhängigen Vektoren $\vec{u}$ und $\vec{v}$.

$$\vec{x} = \vec{a} + \lambda \cdot \vec{u} + \mu \cdot \vec{v}$$
$(-\infty < \lambda;\ \mu < +\infty)$

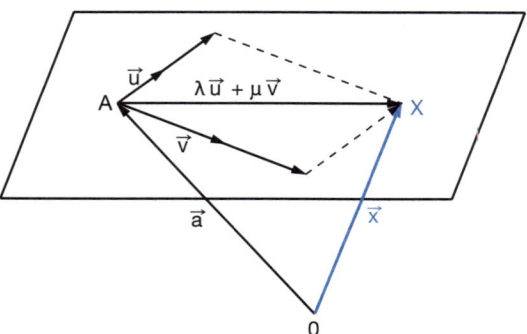

Ebene durch drei nichtkollineare Punkte A, B, C
(zugehörige Ortsvektoren $\vec{a}$, $\vec{b}$, $\vec{c}$)

$\vec{x} = \vec{a} + \lambda(\vec{b} - \vec{a}) + \mu(\vec{c} - \vec{a})$
$(-\infty < \lambda; \mu < +\infty)$

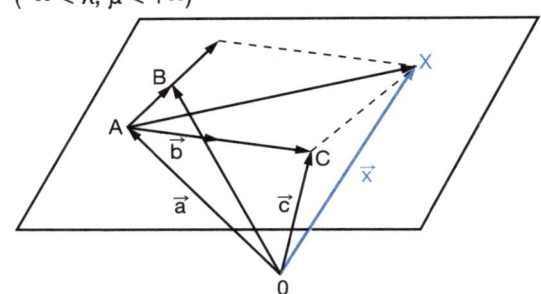

Das Vektorprodukt (Kreuzprodukt)

Definition
Zwei Vektoren $\vec{a}$ und $\vec{b}$ ist im $\mathbb{R}^3$ genau ein Vektor $\vec{a} \times \vec{b}$ zugeordnet, sodass gilt:

a) $\vec{a} \times \vec{b}$ steht senkrecht auf $\vec{a}$ und $\vec{b}$.

b) $\vec{a}$; $\vec{b}$ und $\vec{a} \times \vec{b}$ bilden ein Rechtssystem.

c) $|\vec{a} \times \vec{b}| = |\vec{a}| \cdot |\vec{b}| \cdot \sin\varphi$ mit $0 \leq \varphi \leq \pi$.

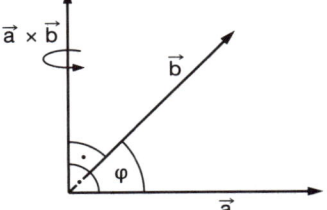

Rechenregeln beim Vektorprodukt
$\vec{b} \times \vec{a} = -(\vec{a} \times \vec{b})$

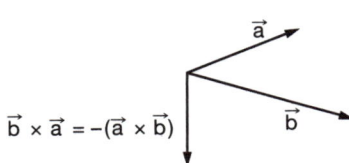

Kollineare (parallele) Vektoren
$\vec{a} \times \vec{b} = \vec{0} \Leftrightarrow \vec{a}, \vec{b}$ kollinear, falls
$\vec{a} \neq \vec{0}; \vec{b} \neq \vec{0}$

Vektorprodukt in kartesischen Koordinaten

$$\vec{a} \times \vec{b} = \begin{pmatrix} a_1 \\ a_2 \\ a_3 \end{pmatrix} \times \begin{pmatrix} b_1 \\ b_2 \\ b_3 \end{pmatrix} = \begin{pmatrix} a_2 \cdot b_3 - a_3 \cdot b_2 \\ a_3 \cdot b_1 - a_1 \cdot b_3 \\ a_1 \cdot b_2 - a_2 \cdot b_1 \end{pmatrix}$$

Flächeninhalt des Parallelogramms

Für die Maßzahl der Fläche A im $\mathbb{R}^3$ des von den Vektoren $\vec{a}$ und $\vec{b}$ aufgespannten Parallelogramms gilt:

$A = |\vec{a} \times \vec{b}| = |\vec{a}| \cdot |\vec{b}| \cdot \sin \varphi$

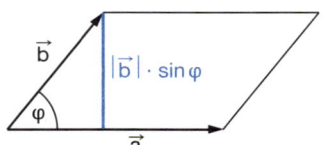

Flächeninhalt eines Dreiecks ABC im $\mathbb{R}^3$

$A = \frac{1}{2}|\overrightarrow{AB} \times \overrightarrow{AC}|$

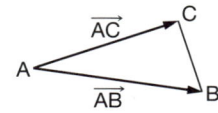

Volumen des Parallelflachs

Für die Maßzahl des Volumens V des von den Vektoren $\vec{a}$, $\vec{b}$ und $\vec{c}$ aufgespannten Parallelflachs gilt:

$V = |(\vec{a} \times \vec{b}) \circ \vec{c}|$

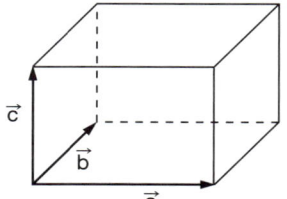

Volumen der Pyramide

$V_{Pyramide} = \frac{1}{3} \cdot |(\vec{a} \times \vec{b}) \circ \vec{c}|$

$V_{Tetraeder} = \frac{1}{6} \cdot |(\vec{a} \times \vec{b}) \circ \vec{c}|$

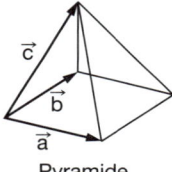 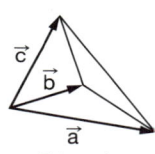

Pyramide   Tetraeder

Ebenengleichungen in einem kartesischen Koordinatensystem

Normalenform in Koordinatendarstellung

E: $n_1 \cdot x_1 + n_2 \cdot x_2 + n_3 \cdot x_3 - n_0 = 0$ $\vec{u} \in E$
   $\vec{v} \in E$

Bei der parameterfreien Normalenform ist

$\vec{n} = \begin{pmatrix} n_1 \\ n_2 \\ n_3 \end{pmatrix}$ der Normalenvektor der Ebene E,

mit $\vec{n} = \vec{u} \times \vec{v} = \begin{pmatrix} u_1 \\ u_2 \\ u_3 \end{pmatrix} \times \begin{pmatrix} v_1 \\ v_2 \\ v_3 \end{pmatrix} = \begin{pmatrix} u_2 \cdot v_3 - u_3 \cdot v_2 \\ u_3 \cdot v_1 - u_1 \cdot v_3 \\ u_1 \cdot v_2 - u_2 \cdot v_1 \end{pmatrix}$,

$\vec{u}$ und $\vec{v}$ sind die Richtungsvektoren der Ebene E.

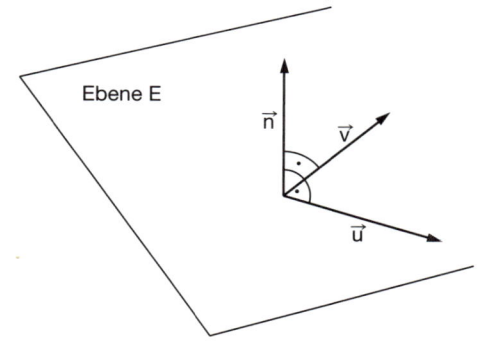

Es gilt: $\vec{n} \circ \vec{u} = \vec{n} \circ \vec{v} = 0$

Normalenform in vektorieller Darstellung

E: $\vec{n} \circ (\vec{x} - \vec{a}) = 0$,
dabei ist $\vec{n}$ der Normalenvektor der Ebene E und $\vec{a}$ der Ortsvektor zum Punkt A der Ebene.

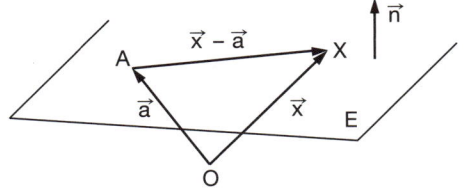

Hesse'sche Normalenform (HNF) der Ebene

Vektorielle Darstellung E: $\vec{n}^0 \circ (\vec{x} - \vec{a}) = 0$;   mit $\vec{n}^0 = \frac{1}{|\vec{n}|} \vec{n}$;

Koordinatendarstellung E: $\frac{n_1 x_1 + n_2 x_2 + n_3 x_3 - n_0}{\sqrt{(n_1)^2 + (n_2)^2 + (n_3)^2}} = 0$,

dabei muss n_0 ein negatives Vorzeichen haben.

Abstand Punkt P – Ebene E

$d(P, E) = \left| \vec{n}^0 \circ (\vec{p} - \vec{a}) \right|$

$d(P, E) = \left| \frac{n_1 \cdot p_1 + n_2 \cdot p_2 + n_3 \cdot p_3 - n_0}{\sqrt{(n_1)^2 + (n_2)^2 + (n_3)^2}} \right|$

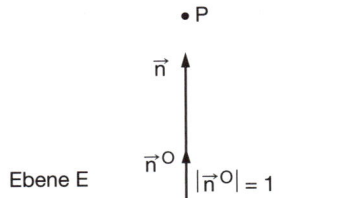

Lagebeziehung zweier Ebenen E und F

a) Zwei Ebenen E und F sind parallel, wenn für die Normalenvektoren der Ebenen gilt:
$\vec{n}_E = \lambda \cdot \vec{n}_F$ und Punkt $P \in E$, aber $P \notin F$

b) Zwei Ebenen E und F sind identisch, wenn für die Normalenvektoren der Ebenen gilt:
$\vec{n}_E = \lambda \cdot \vec{n}_F$ und Punkt $P \in E$ und $P \in F$

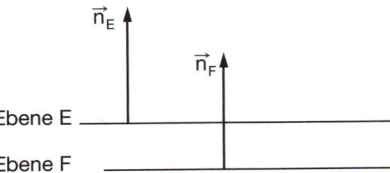

Schnittwinkel zweier Ebenen E und F

$\cos \varphi = \left| \frac{\vec{n}_E \circ \vec{n}_F}{|\vec{n}_E| \cdot |\vec{n}_F|} \right|$

$= \left| \frac{n_{1_E} \cdot n_{1_F} + n_{2_E} \cdot n_{2_F} + n_{3_E} \cdot n_{3_F}}{\sqrt{(n_{1_E})^2 + (n_{2_E})^2 + (n_{3_E})^2} \cdot \sqrt{(n_{1_F})^2 + (n_{2_F})^2 + (n_{3_F})^2}} \right|$

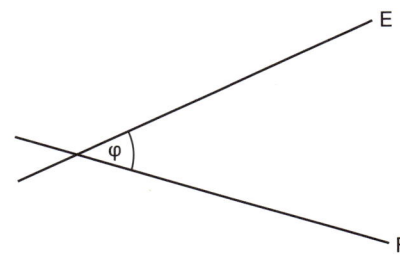

3. Grenzwerte, Stetigkeit und Unstetigkeit

Grenzwerte einer Funktion

Grenzwert für x → x_0

Schreibweise $\lim\limits_{x \to x_0} f(x) = g$

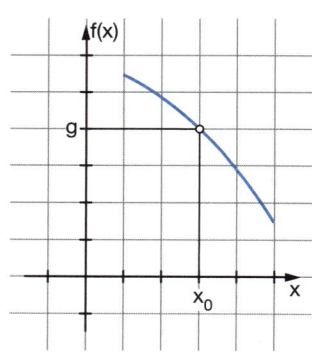

Eine Funktion f: x ↦ f(x) hat an der Stelle x_0 einen Grenzwert, wenn f in der Umgebung von x_0 definiert ist und der linksseitige Grenzwert und der rechtsseitige Grenzwert gleich sind.

Grenzwert für x → ∞

Schreibweise

$\lim\limits_{x \to \infty} f(x) = g$

$\lim\limits_{x \to -\infty} f(x) = g$

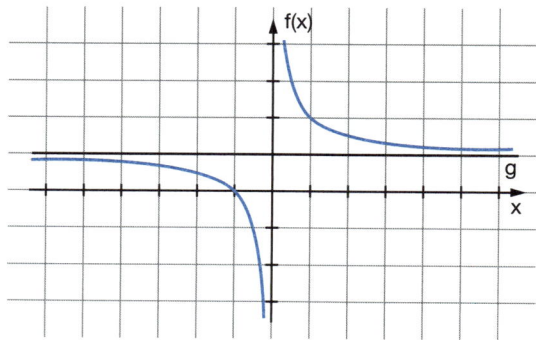

Eine Funktion f: x ↦ f(x) hat für x → ∞ einen Grenzwert, wenn die Funktionswerte für jedes über alle Grenzen hinauswachsende x ∈ D_f gegen eine Zahl g streben. Diese Zahl g wird dann als Grenzwert der Funktion f bezeichnet.

Analog wird der Grenzwert für x → −∞ erklärt.

Rechenregeln für Grenzwerte

$C \cdot f(x)$ $\lim\limits_{x \to x_0} C \cdot f(x) = C \cdot (\lim\limits_{x \to x_0} f(x))$

$f(x) \pm g(x)$ $\lim\limits_{x \to x_0} [f(x) \pm g(x)] = \lim\limits_{x \to x_0} f(x) \pm \lim\limits_{x \to x_0} g(x)$

$f(x) \cdot g(x)$ $\lim\limits_{x \to x_0} [f(x) \cdot g(x)] = \lim\limits_{x \to x_0} f(x) \cdot \lim\limits_{x \to x_0} g(x)$

$\dfrac{f(x)}{g(x)}$ $\lim\limits_{x \to x_0} \dfrac{f(x)}{g(x)} = \dfrac{\lim\limits_{x \to x_0} f(x)}{\lim\limits_{x \to x_0} g(x)}$, falls $\lim\limits_{x \to x_0} g(x) \neq 0$

Diese Regeln gelten sinngemäß auch für Grenzübergänge vom Typ $|x| \to \infty$.

Stetigkeit und Unstetigkeit von Funktionen

Stetigkeit

Definition

$\lim\limits_{x \to x_0} f(x) = f(x_0)$

Eine Funktion $f: x \mapsto f(x)$ heißt **stetig**, wenn f in der Umgebung von x_0 definiert ist und der Grenzwert an dieser Stelle vorhanden ist und mit dem Funktionswert $f(x_0)$ übereinstimmt.

Voraussetzungen

1. $\lim\limits_{x \to x_0} f(x) = g$ exisitert
2. $f(x_0) = g$

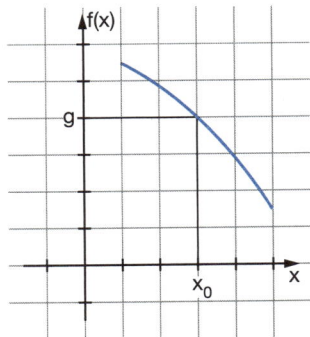

Eine in einem Intervall stetige Funktion ist an jeder Stelle ihres Definitionsbereiches stetig, wenn sich das Schaubild ohne Absetzen zeichnen lässt.

Unstetigkeit

1. $\lim_{x \to x_0} f(x) = g$ existiert
2. $f(x_0)$ existiert nicht

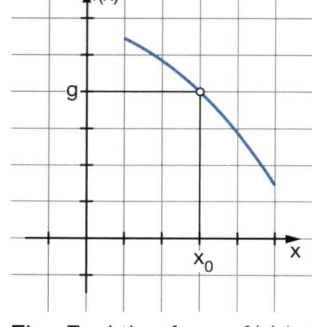

Eine Funktion $f: x \mapsto f(x)$ heißt **unstetig**, wenn f in der Umgebung von x_0 definiert ist und der Grenzwert g an dieser Stelle vorhanden ist, aber $x_0 \notin D_f$ ist.

1. $\lim_{x \to x_0} f(x) = g$ für $x < x_0$
2. $\lim_{x \to x_0} f(x) = h$ für $x > x_0$
3. $g \neq h$

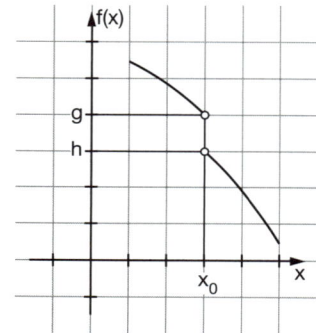

Eine Funktion $f: x \mapsto f(x)$ heißt **unstetig**, wenn f in der Umgebung von x_0 definiert ist und der Grenzwert an dieser Stelle vorhanden ist, aber Grenzwert g $\neq$ Grenzwert h ist.

Differenzialrechnung

Differenzialrechnung

Differenzenquotient

Ist eine Funktion $y = f(x)$ an der Stelle x_0 einschließlich einer ε-Umgebung von x_0 definiert, so heißt der Ausdruck mit $0 < h < \varepsilon$:

$$\left.\begin{array}{l} \dfrac{f(x_0 + h) - f(x_0)}{h} \text{ rechtsseitiger} \\ \dfrac{f(x_0 - h) - f(x_0)}{-h} \text{ linksseitiger} \end{array}\right\} \text{Differenzenquotient}$$

Unter dem Differenzquotienten der Funktion $f: x \to f(x);\ x \in D_f$ bezüglich $x_0 \in D_f$ versteht man den Term:

$$\frac{f(x) - f(x_0)}{x - x_0} := f_{(x_0)}(x),$$

wobei $x \in U_\varepsilon^*(x_0)$ und $D_f \cap U_\varepsilon^*(x_0) \neq \{\}$ vorausgesetzt wird.

Definition der Ableitung

Existiert mit $h \to 0$ der Grenzwert des rechtsseitigen wie auch der Grenzwert des linksseitigen Differenzenquotienten und sind beide Grenzwerte gleich, so heißt die Funktion $y = f(x)$ an der Stelle x_0 differenzierbar. Der gemeinsame Grenzwert wird Ableitung an der Stelle x_0 genannt.

$$\lim_{h \to 0} \frac{f(x_0 + h) - f(x_0)}{h} = \lim_{h \to 0} \frac{f(x_0 - h) - f(x_0)}{-h} = f'(x_0)$$

Hat der Differenzenquotient von f bezüglich x_0 für $x \to x_0$ einen Grenzwert, so heißt f an der Stelle x_0 differenzierbar. Die Ableitung oder der Differenzialquotient der Funktion f an der Stelle x_0 heißt:

$$\lim_{x \to x_0} \frac{f(x) - f(x_0)}{x - x_0} := f'(x_0)$$

Stetigkeit

Eine an der Stelle x_0 differenzierbare Funktion ist dort stetig.

Differenzierbarkeitsbereich	Die Gesamtheit aller x-Werte, für welche die Ableitung existiert, heißt Differenzierbarkeitsbereich der Funktion. Innerhalb dieses Bereichs ist jedem x-Wert in eindeutiger Weise die zugehörige Ableitung als Zahlenwert zugeordnet. Die Ableitung ist demnach im Differenzierbarkeitsbereich von y = f(x) selbst eine Funktion von x. Sie heißt Ableitungsfunktion oder Differenzialquotient von f(x).
Globale Differenzierbarkeit	Eine Funktion, die an jeder Stelle eines offenen Intervalls $I \subset D_f$ differenzierbar ist, heißt in diesem Intervall (in dieser Menge) differenzierbar.
Ableitungsfunktion	Die zu einer Funktion f: $x \to f(x)$; $x \in D_f$ in $D_{f'}$ definierten Funktion f': $x \to f'(x)$; $x \in D_{f'}$ heißt Ableitungsfunktion (kurz auch Ableitung) der Funktion f.
Schreibweisen	Differenzieren nach der Variablen x $$y = f(x) \Rightarrow y' = f'(x) = \frac{df(x)}{dx} = \frac{d}{dx}f(x) = \frac{dy}{dx} = y'$$ Der Term $f'(x)\,dx = dy$ wird als Differenzial bezeichnet.
Differenzieren nach der Zeit t	Ist die Variable die Zeit t, so wird die Differenziation nach t meist durch einen Punkt zum Ausdruck gebracht. $$s = \varphi(t) \Rightarrow \dot{s} = \dot{\varphi}(t) = \frac{ds}{dt} = \frac{d\varphi(t)}{dt} = \frac{d}{dt}\varphi(t)$$
Stetige Differenzierbarkeit	Ist f in]a; b[differenzierbar und f' dort stetig, so heißt f stetig differenzierbar in]a; b[.
Höhere Ableitungen	Eine Funktion f, deren n-te Ableitung $f^{(n)}$ in einer gewissen Menge existiert, heißt dort n-mal differenzierbar.
zweite Ableitung	f'': $x \to f''(x)$; $x \in D_{f''}$ auch: $f''(x) = \frac{d}{dx}[f'(x)] = \frac{d^2y}{dx^2}$
dritte Ableitung	f''': $x \to f'''(x)$; $x \in D_{f'''}$ auch: $f'''(x) = \frac{d}{dx}[f''(x)]$
n-te Ableitung	$f^{(n)}$: $x \to f^{(n)}(x)$; $x \in D_{f^{(n)}}$ auch: $f^{(n)}(x) = \frac{d}{dx}[f^{(n-1)}(x)]$
Stammfunktion	Eine Funktion F(x) mit der Eigenschaft F'(x) = f(x) heißt Stammfunktion von f(x).

Geometrische Deutung der Ableitung

Steigung

Unter der Steigung m der Geraden durch die beiden Punkte $P(x_0|y_0)$ und $Q(x_1|y_1)$ versteht man den Wert des Quotienten m, wobei $x_1 \neq x_0$ vorausgesetzt wird.

$m = \dfrac{y_1 - y_0}{x_1 - x_0}$

$\tan\alpha = m$ mit $-90° < \alpha < 90°$

Der Winkel α der Geraden PQ gegen die x-Achse heißt Neigungswinkel.

Tangente

Unter der Tangente im Punkt $P(x_0|f(x_0))$ des Graphen einer an der Stelle x_0 differenzierbaren Funktion f versteht man die Gerade durch P mit der Steigung m.

Steigung der Tangente

$m = f'(x_0) = \tan\alpha$

Gleichung der Tangente

$y = f'(x_0)(x - x_0) + f(x_0)$

Normale

Unter der Normalen im Punkt $P(x_0|f(x_0))$ des Graphen einer an der Stelle x_0 differenzierbaren Funktion f versteht man die Gerade durch P, die auf der Tangente senkrecht steht.

Steigung der Normalen

$m_N = -\dfrac{1}{m_T} = -\dfrac{1}{f'(x_0)}$ mit $f'(x_0) \neq 0$

Gleichung der Normalen

$y = -\dfrac{1}{f'(x_0)}(x - x_0) + f(x_0)$

L'Hospitalsche Regeln

Regel I

Sind zwei an der Stelle a stetige Funktionen u und v mit $u(a) = v(a) = 0$ in einer gemeinsamen (evtl. punktierten) Umgebung von a differenzierbar und existiert $\lim\limits_{x \to a} \dfrac{u'(x)}{v'(x)}$ so gilt:

$\lim\limits_{x \to a} \dfrac{u(x)}{v(x)} = \lim\limits_{x \to a} \dfrac{u'(x)}{v'(x)}$

Regel II

Sind zwei Funktionen u und v mit $\lim\limits_{x \to \infty} u(x) = \lim\limits_{x \to \infty} v(x) = 0$ in einem gemeinsamen rechtsseitigen unbeschränkten Intervall $]k; \infty[$ differenzierbar und existiert $\lim\limits_{x \to \infty} \dfrac{u'(x)}{v'(x)}$, so gilt:

$\lim\limits_{x \to \infty} \dfrac{u(x)}{v(x)} = \lim\limits_{x \to \infty} \dfrac{u'(x)}{v'(x)}$

Entsprechendes gilt für $x \to -\infty$.

Regel III

Sind zwei Funktionen u und v mit $|u(x)| \to \infty$ für $x \to a$ und $|v(x)| \to \infty$ für $x \to a$ in einer gemeinsamen punktierten Umgebung von $x = a$ differenzierbar und existiert $\lim\limits_{x \to a} \dfrac{u'(x)}{v'(x)}$, so gilt:

$$\lim_{x \to a} \frac{u(x)}{v(x)} = \lim_{x \to a} \frac{u'(x)}{v'(x)}$$

Regel IV

Sind zwei Funktionen u und v mit $|u(x)| \to \infty$ für $x \to \infty$ und $|v(x)| \to \infty$ für $x \to \infty$ in einem gemeinsamen rechtsseitigen unbeschränkten Intervall $]k; \infty[$ differenzierbar und existiert $\lim\limits_{x \to \infty} \dfrac{u'(x)}{v'(x)}$, so gilt:

$$\lim_{x \to \infty} \frac{u(x)}{v(x)} = \lim_{x \to \infty} \frac{u'(x)}{v'(x)}$$

Entsprechendes gilt für $\lim\limits_{x \to -\infty} \dfrac{u(x)}{v(x)}$.

Ableitungsregeln

Konstante Funktion
$f(x) = C$

$f(x) = C \Rightarrow f'(x) = 0$

$f(x) = u(x) + C \Rightarrow f'(x) = u'(x)$

Summenregel
$f(x) = u(x) + v(x)$

$f(x) = u(x) + v(x) \Rightarrow f'(x) = u'(x) + v'(x)$

$f(x) = C \cdot u(x) \Rightarrow f'(x) = C \cdot u'(x)$

$f(x) = C \cdot u(x) + D \cdot v(x) \Rightarrow f'(x) = C \cdot u'(x) + D \cdot v'(x)$

Produktregel
$f(x) = u(x) \cdot v(x)$

Sind u und v in einem gemeinsamen Bereich D' differenzierbar, so ist auch $f = u \cdot v$ dort differenzierbar und es gilt:

$f(x) = u(x) \cdot v(x) \Rightarrow$

$f'(x) = u'(x) \cdot v(x) + u(x) \cdot v'(x)$

Quotientenregel
$f(x) = \dfrac{u(x)}{v(x)}$

Sind u und v in einem gemeinsamen Bereich D' differenzierbar und ist $f = \dfrac{u}{v}$ in D definiert, so ist f in $D \cap D'$ differenzierbar und es gilt:

$$f(x) = \frac{u(x)}{v(x)} \Rightarrow f'(x) = \frac{u'(x) \cdot v(x) - u(x) \cdot v'(x)}{[v(x)]^2}$$

Kettenregel	Ist $u = g(x)$ an der Stelle x_0 und $y = f(u)$ an der Stelle
$y = f(g(x))$	$u_0 = g(x_0)$ differenzierbar, dann ist auch die zusammengesetzte Funktion $y = f(g(x))$ an der Stelle x_0 differenzierbar. Die Ableitung dieser Funktion lautet:

$$\frac{dy}{dx} = f'(u) \cdot g'(u) = \frac{dy}{du} \cdot \frac{du}{dx}$$

Ableitung der Umkehrfunktion	Ist $f: x \to f(x); x \in D_f$ eine umkehrbare, differenzierbare Funktion, so gilt für die Umkehrfunktion:
$(f^{-1})'$	

$f^{-1}: y \to f^{-1}(y); \; y \in D_{f^{-1}}$

$(f^{-1})'(y) = \dfrac{1}{f'(x)}$ mit $x = f^{-1}(y)$

Ableitung der Grundfunktionen

	Funktion $f(x)$	Ableitung $f'(x)$
Potenzfunktion	$f(x) = x^n \;(n \in \mathbb{R})$	$f'(x) = n \cdot x^{n-1}$
	$f(x) = a \cdot x^n \;(n \in \mathbb{R})$	$f'(x) = n \cdot a \cdot x^{n-1}$
	$f(x) = \dfrac{a}{x^n} = a \cdot x^{-n}$	$f'(x) = -n \cdot x^{-n-1}$
	$f(x) = \sqrt[n]{x} = x^{\frac{1}{n}}$	$f'(x) = \dfrac{1}{n} \cdot x^{\frac{1}{n}-1}$
Sinusfunktion	$f(x) = \sin x$	$f'(x) = \cos x$
Kosinusfunktion	$f(x) = \cos x$	$f'(x) = -\sin x$
Tangensfunktion	$f(x) = \tan x$	$f'(x) = \dfrac{1}{\cos^2 x}$
Kotangensfunktion	$f(x) = \cot x$	$f'(x) = \dfrac{1}{\sin^2 x}$
Arkussinus	$f(x) = \arcsin x$	$f'(x) = \dfrac{1}{\sqrt{1-x^2}}$
Arkuskosinus	$f(x) = \arccos x$	$f'(x) = -\dfrac{1}{\sqrt{1-x^2}}$
Arkustangens	$f(x) = \arctan x$	$f'(x) = \dfrac{1}{1+x^2}$
Arkuskotangens	$f(x) = \text{arccot}\, x$	$f'(x) = -\dfrac{1}{1+x^2}$
Exponentialfunktion	$f(x) = a^x, \;(a > 0)$	$f'(x) = a^x \cdot \ln a$
	$f(x) = e^x$	$f'(x) = e^x$
Logarithmusfunktion	$f(x) = \log_b x; \; b > 0; \; b \neq 1$	$f'(x) = \dfrac{1}{x \cdot \ln b}$
	$f(x) = \ln x$	$f'(x) = \dfrac{1}{x}$

Kurvendiskussion

Symmetrie zur y-Achse
$f(-x) = f(x)$

Der Graph G_f von
$f: x \to f(x); \ x \in D_f$
ist genau dann symmetrisch zur y-Achse, wenn für alle $x \in D_f$ gilt:
$f(-x) = f(x)$

f heißt *gerade* Funktion.

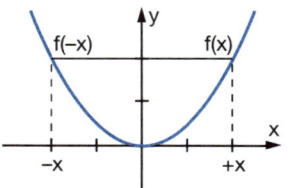

Punktsymmetrie zum Ursprung
$f(-x) = -f(x)$

Der Graph G_f ist genau dann punktsymmetrisch zum Ursprung, wenn für alle $x \in D_f$ gilt:
$f(-x) = -f(x)$

f heißt ungerade Funktion.

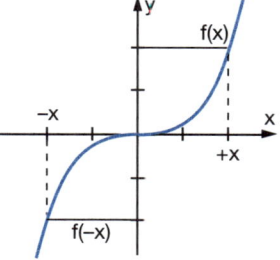

Schnittpunkte mit den Koordinatenachsen

Schnittpunkt mit der y-Achse
$f(0)$

Schnittpunkt mit der **y-Achse**

$\Rightarrow x = 0 \Rightarrow f(0)$
$S_y(0; c)$

Schnittpunkt mit der x-Achse
$f(x) = y = 0$

Schnittpunkt mit der **x-Achse**
(Nullstellen) $\Rightarrow f(x) = y = 0$
$N_1(x_1|0), N_2(x_2|0), \ldots,$
$N_n(x_n|0)$

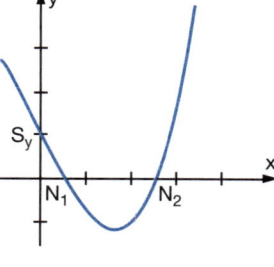

Monotonie

monoton steigend
$f'(x) > 0$

$f'(x) > 0 \Rightarrow$ Der Graph von $f(x)$ steigt bei x_0 echt monoton.

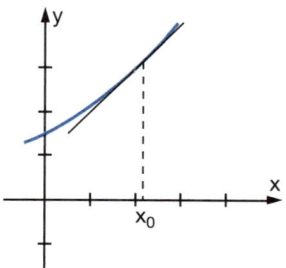

monoton fallend $f'(x) < 0$	$f'(x) < 0 \Rightarrow$ Der Graph von $f(x)$ fällt bei x_0 echt monoton.	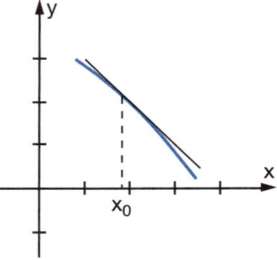
monoton gleichbleibend $f'(x) = 0$	$f'(x) = 0 \Rightarrow$ Der Graph von $f(x)$ hat bei x_0 eine waagrechte Tangente.	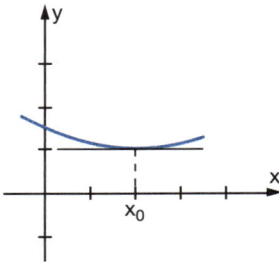

Relative Extremwerte

Definition

Unter einem relativen Extremwert an der Stelle x_0 versteht man den größten oder kleinsten Funktionswert in einer Umgebung von x_0.

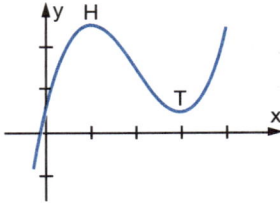

größter Funktionswert
(relatives Maximum)
$H(x_0 | f(x_0))$

kleinster Funktionswert
(relatives Minimum)
$T(x_0 | f(x_0))$

Bedingungen zur Bestimmung relativer Extremwerte

a) Bestimmung mittels Funktionswerte f(x)

Relatives Maximum
$f'(x_0) = 0$
$\wedge\ f(x_0) \geq f(x)$

Der Graph von $y = f(x)$ hat an der Stelle x_0 im Inneren des Definitionsbereichs ein relatives Maximum, wenn die Funktionswerte in einer gewissen Umgebung von x_0 kleiner sind als an der Stelle x_0.
$f(x_0) \geq f(x)$

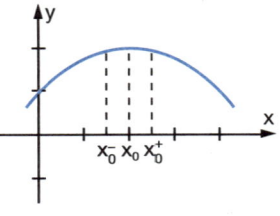

Relatives Minimum
$f'(x_0) = 0$
$\wedge\ f(x_0) \leq f(x)$

Der Graph von $y = f(x)$ hat an der Stelle x_0 im Inneren des Definitionsbereichs ein relatives Minimum, wenn die Funktionswerte in einer gewissen Umgebung von x_0 größer sind als an der Stelle x_0.
$f(x_0) \leq f(x)$

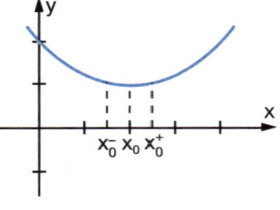

b) Bestimmung mittels Vorzeichenwechsel der Steigung des Graphen

Relatives Maximum
$f'(x_0) = 0$
$\wedge\ f'(x_0^-) > 0$
$f'(x_0^+) < 0$

Der Graph von $y = f(x)$ hat an der Stelle x_0 im Inneren des Definitionsbereichs ein relatives Maximum, wenn $f'(x_0) = 0$ und die Steigung an der Stelle x_0 von $f'(x) > 0$ für $x < x_0$ nach $f'(x) < 0$ für $x > x_0$ wechselt.

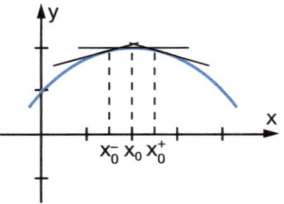

Relatives Minimum
$f'(x_0) = 0$
$\wedge\ f'(x_0^-) < 0$
$f'(x_0^+) > 0$

Der Graph von $y = f(x)$ hat an der Stelle x_0 im Inneren des Definitionsbereichs ein relatives Minimum, wenn $f'(x_0) = 0$ und die Steigung an der Stelle x_0 von $f'(x) < 0$ für $x < x_0$ nach $f'(x) > 0$ für $x > x_0$ wechselt.

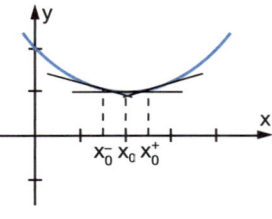

c) Bestimmung mittels Krümmung des Graphen

Relatives Maximum
$f'(x_0) = 0$
$\wedge\ f''(x_0) < 0$

Der Graph von $y = f(x)$ hat an der Stelle x_0 im Inneren des Definitionsbereichs ein relatives Maximum, wenn $f'(x_0) = 0$ und die Krümmung des Graphen an der Stelle x_0 negativ ist.
$\Rightarrow f''(x_0) < 0$

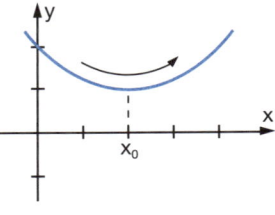

Relatives Minimum
$f'(x_0) = 0$
$\wedge\ f''(x_0) > 0$

Der Graph von $y = f(x)$ hat an der Stelle x_0 im Inneren des Definitionsbereichs ein relatives Minimum, wenn $f'(x_0) = 0$ und die Krümmung des Graphen an der Stelle x_0 positiv ist.
$\Rightarrow f''(x_0) > 0$

Krümmung des Graphen

Rechtskrümmung $f''(x) < 0$

Der Graph einer Funktion heißt *rechtsgekrümmt*, wenn die zweite Ableitung der Funktion $f''(x)$ negativ ist.
$\Rightarrow f''(x) < 0$

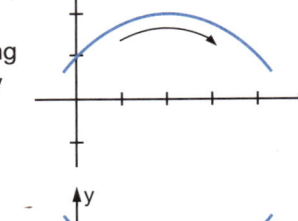

Linkskrümmung $f''(x) > 0$

Der Graph einer Funktion heißt *linksgekrümmt*, wenn die zweite Ableitung der Funktion $f''(x)$ positiv ist.
$\Rightarrow f''(x) > 0$

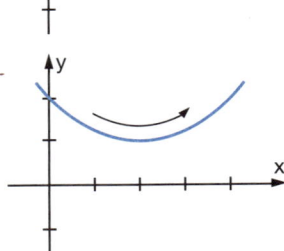

Wendepunkt

Definition
$f''(x_0) = 0$
$\wedge\ f''(x_0^-) < 0$
$f''(x_0^+) > 0$

Der Graph von $y = f(x)$ hat an der Stelle x_0 im Inneren des Definitionsbereichs einen Wendepunkt, wenn an einer gewissen Umgebung von x_0 rechts und links davon entgegengesetztes Krümmungsverhalten herrscht.

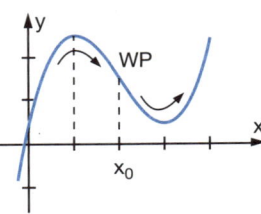

Hinreichende Bedingung
$f''(x_0) = 0$
$\wedge\ f'''(x_0) \neq 0$

Terrassenpunkt
$f''(x_0) = 0$
$\wedge\ f'''(x_0) \neq 0$
$\wedge\ f'(x_0) = 0$

Als Nachweis gilt auch folgende Bedingung:
$f''(x_0) = 0 \wedge f'''(x_0) \neq 0$

Ein Wendepunkt mit horizontaler Tangente heißt Terrassenpunkt.
Für ihn gilt zusätzlich:
$f'(x_0) = 0$

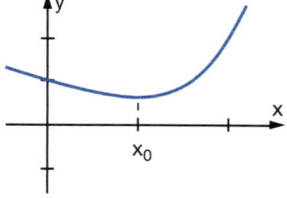

5. Integralrechnung

Integrale

Grundbegriffe

Integralfunktion — Ist die untere Grenze a fest, so definiert

$$\int_a^x f(t)\,dt$$

eine Funktion von x. Sie heißt Integralfunktion von y = f(x). Durchläuft a den zulässigen reellen Zahlenbereich, so ist durch

$$\int_a^x f(t)\,dt$$

die Menge aller Integralfunktionen von f(x) gegeben.

Stammfunktion — F ist eine Stammfunktion der Funktion f mit y = f(x) ⇔ F′(x) = f(x) für alle x aus dem gemeinsamen Definitionsbereich von f und F.

Mit y = F(x) ist auch jede Funktion y = F(x) + C eine Stammfunktion von f.

Unbestimmtes Integral — Unter dem unbestimmten Integral von f(x) versteht man die Menge aller Stammfunktionen von f(x). Ist F(x) irgendeine Stammfunktion von f(x), so wird durch

$$\int f(x)\,dx = F(x) + C$$

die Menge aller Stammfunktionen von f(x) beschrieben. C ∈ ℝ heißt Integrationskonstante.

Bestimmtes Integral

$$\int_a^b f(x)\,dx = F(b) - F(a)$$

(Falls F eine Stammfunktion der im Intervall [a; b] stetigen Funktion f ist.)

Integrationsformel	$\int_a^b f(x)\,dx = [F(x)]_a^b = F(b) - F(a)$

Ist F eine Stammfunktion einer stetigen Funktion f zwischen der unteren Grenze a und der oberen Grenze b, so gilt für den Funktionswert der Stammfunktion die Differenz F(b) − F(a) (Obergrenze minus Untergrenze).

Hauptsatz der Differenzial- und Integralrechnung	$F(x) = \int_a^x f(t)\,dt \Rightarrow F'(x) = f(x)$,

falls f eine stetige Funktion ist.

Eigenschaften des bestimmten Integrals

Untergrenze gleich Obergrenze	$\int_a^a f(x)\,dx = 0$
Vertauschen der Integrationsgrenzen	$\int_a^b f(x)\,dx = -\int_b^a f(x)\,dx$
Faktorregel	$\int_a^b C \cdot f(x)\,dx = C \cdot \int_a^b f(x)\,dx$
Additivitätseigenschaft	$\int_a^b f(x)\,dx = \int_a^c f(x)\,dx + \int_c^b f(x)\,dx$
	(für $c \in [a;b]$)
Summenregel (Linearität)	$\int_a^b [f(x) \pm g(x)]\,dx = \int_a^b f(x)\,dx \pm \int_a^b g(x)\,dx$

Grundintegrale

Konstante Funktion	$\int a\,dx = ax + C$ ($a \in \mathbb{R}$)
Potenzfunktion	$\int x^n\,dx = \dfrac{1}{n+1} x^{n+1} + C$ ($n \in \mathbb{R}$; $n \neq -1$)
	$\int ax^n\,dx = \dfrac{1}{n+1} ax^{n+1} + C$ ($n \in \mathbb{R}$; $n \neq -1$)
Trigonometrische Funktionen	$\int \sin x\,dx = -\cos x + C$
	$\int \cos x\,dx = \sin x + C$
	$\int \dfrac{1}{\cos^2 x}\,dx = \tan x + C$

$$\int \frac{1}{\sin^2 x} dx = -\cot x + C$$

$$\int \sin^2 x \, dx = \frac{1}{2}(x - \sin x \cos x) + C$$

$$\int \cos^2 x \, dx = \frac{1}{2}(x + \sin x \cos x) + C$$

$$\int \frac{1}{\sqrt{1 - x^2}} dx = \arcsin x + C$$

$$\int \frac{1}{1 + x^2} dx = \arctan x + C$$

Transzendente Funktionen

$$\int a^x dx = \frac{a^x}{\ln a} + C \quad (a \neq 1)$$

$$\int e^x dx = e^x + C$$

$$\int \frac{1}{x} dx = \ln|x| + C \quad (x \neq 0)$$

$$\int \frac{1}{x \cdot \ln a} dx = \log_a x + C$$

$$\int \frac{dx}{\sqrt{x^2 \pm a^2}} = \ln\left|x + \sqrt{x^2 \pm a^2}\right| + C$$

Weitere Integrale

$$\int \frac{f'(x)}{f(x)} dx = \ln|f(x)| + C$$

$$\int \ln x \, dx = -x + x \ln x + C$$

$$\int \tan x \, dx = -\ln|\cos x| + C$$

Uneigentliche Integrale

Integrationsbereich nicht beschränkt

$$\int_a^\infty f(x) dx := \lim_{b \to \infty} \int_a^b f(x) dx, \quad \text{für } x \geq a$$

$$\int_{-\infty}^b f(x) dx := \lim_{a \to -\infty} \int_a^b f(x) dx, \quad \text{für } x \leq b$$

Geometrische Anwendungen

Fläche zwischen Graphen

Zwischen x-Achse und dem Graphen G_f
(Graph G_f über der x-Achse)

$$A = \int_a^b f(x)\,dx$$

Flächenmaßzahl A des zwischen der x-Achse, dem Graphen zu y = f(x) und den Ordinaten zu x = a und x = b liegenden Flächenstücks.

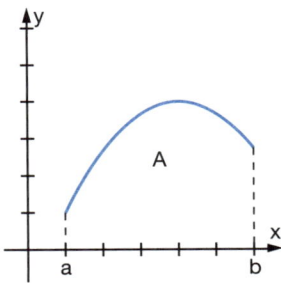

Zwischen x-Achse und dem Graphen G_f
(Graph G_f unter der x-Achse)

$$A = -\int_a^b f(x)\,dx$$

Flächenmaßzahl A des zwischen der x-Achse, dem Graphen G_f zu y = f(x) und den Ordinaten zu x = a und x = b liegenden Flächenstücks.

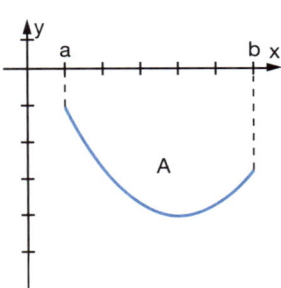

Zwischen dem Graphen G_f und dem Graphen G_h

$$A = \int_a^b (f(x) - h(x))\,dx$$

Flächenmaßzahl A des zwischen dem Graphen G_f zu y = f(x) und dem Graphen G_h zu y = h(x) liegenden Flächenstücks.

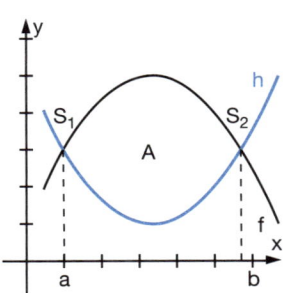

Maßzahl des Raumvolumens V des Rotationskörpers	$V_x = \pi \cdot \int_a^b [f(x)]^2 \, dx$

Volumenmaßzahl V, die durch Rotation des Flächenstücks A, des Graphen G_f zu $y = f(x)$ für $a \le x \le b$, der Parallelen zur y-Achse durch $x_1 = a$ und $x_2 = b$ um die x-Achse entsteht.

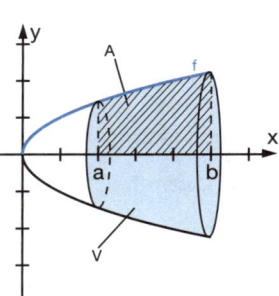

Maßzahl der Mantelfläche M des Rotationskörpers	$M_x = 2\pi \cdot \left| \int_a^b |f(x)| \cdot \sqrt{1 + [f'(x)]^2} \, dx \right|$

Maßzahl M der Mantelfläche, die durch Rotation des Flächenstücks A, des Graphen G_f zu $y = f(x)$ für $a \le x \le b$, der Parallelen zur y-Achse durch $x_1 = a$ und $x_2 = b$ um die x-Achse entsteht.

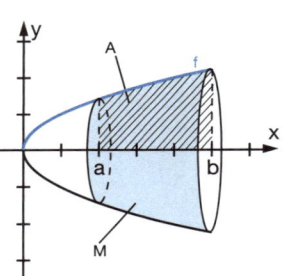

6. Statistik und Stochastik

Statistik

Datenerfassung – Begriffe

Grundgesamtheit	Gesamtheit der Individuen oder Objekte, die Gegenstand einer statistischen Untersuchung sind.
Zufallsprinzip	Sicherstellung, dass jedes Element der Grundgesamtheit bei der Erhebung einer Stichprobe ausgewählt werden kann.
Stichprobe	ausgewählter Teil der Grundgesamtheit
Rohdaten	die in einer Stichprobe erfassten Daten
Urliste	Liste, in der die Rohdaten der Stichprobe eingetragen werden.
Verdichtete Daten	verarbeitete Rohdaten
Strichliste	Verdeutlichung der Merkmalsausprägung
Merkmalsklasse	Zusammenfassung von unterschiedlichen Merkmalen
Merkmalsausprägung	spezifische Daten der Merkmalsklasse
Nominalskala	Erfassung eines qualitativen Merkmals ohne eindeutige Rangfolge
Ordinalskala	Merkmale mit eindeutiger Rangfolge
Metrische Skala	Erfassung eines quantitativen Merkmals mit eindeutiger Rangfolge

Häufigkeiten

Absolute Häufigkeit n_i	Die Anzahl, mit der eine Merkmalsausprägung a_i vorkommt.
Gesamtheit n	Summe der absoluten Häufigkeiten $$n = \sum_{i=1}^{k} n_i = n_1 + n_2 + \ldots + n_k$$

Relative Häufigkeit $h(a_i)$	$h(a_i) = \dfrac{n_i}{n}$;	n_i: einzelne Beobachtungswerte n: Gesamtheit der Beobachtungswerte
Summe der relativen Häufigkeiten	Für k Merkmalsausprägungen gilt: $\sum_{i=1}^{k} h(a_i) = 1$	

Diagramme

Stabdiagramm
Säulendiagramm

Stabdiagramm   Säulendiagramm

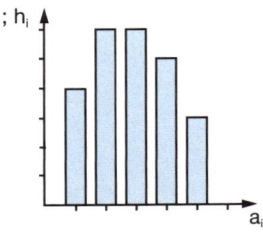

n_i: absolute Häufigkeit
h_i: relative Häufigkeit
a_i: Merkmalsausprägung

Kreisdiagramm

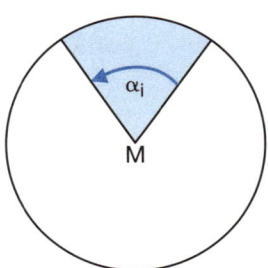

$\alpha_i = h(a_i) \cdot 360°$

M: Mittelpunkt
α_i: Mittelpunktswinkel
$h(a_i)$: relative Häufigkeit

Lagemaße

Arithmetisches Mittel $\bar{x}$

Das arithmetische Mittel $\bar{x}$ ist der Durchschnittswert aller Beobachtungswerte.

$$\bar{x} = \dfrac{1}{n} \cdot \sum_{i=1}^{n} x_i$$

$$\bar{x} = \dfrac{1}{n} \cdot (x_1 + x_2 + \ldots + x_n)$$

n: Anzahl der Beobachtungswerte
x_i: Beobachtungswerte
i: Laufvariable von i = 1 bis zur Anzahl n der Beobachtungswerte

Arithmetisches Mittel $\bar{x}$ über relative Häufigkeit	$$\bar{x} = \sum_{i=1}^{k} a_i \cdot h(a_i)$$ $$\bar{x} = a_1 \cdot h(a_1) + a_2 \cdot h(a_2) + \ldots + a_k \cdot h(a_k)$$ a_i : Merkmalsausprägungen $h(a_i)$: relative Häufigkeiten k: Anzahl der Merkmalsausprägungen
Zentralwert z Median x_{med}	Der Zentralwert z (auch Median x_{med} genannt) ist derjenige Wert, der die geordneten Beobachtungswerte x_i in zwei Hälften teilt. Der Zentralwert steht in der Mitte der Rangwertliste. Fall 1: n ungeradzahlig $$z = x_{med} = x_{\frac{n+1}{2}}$$ Fall 2: n geradzahlig $$z = x_{med} = \frac{1}{2} \cdot \left(x_{\frac{n}{2}} + x_{\frac{n+2}{2}} \right) = \frac{1}{2} \cdot \left(x_{\frac{n}{2}} + x_{\frac{n}{2}+1} \right)$$
Spannweite w	Die Differenz zwischen dem größten Beobachtungswert x_{max} und dem kleinsten Beobachtungswert x_{min} einer Reihe von Beobachtungswerten x_i wird als Spannweite w bezeichnet. $$w = x_{max} - x_{min}$$
Modalwert x_{mod}	Der Modalwert x_{mod} ist der am häufigsten vorkommende Beobachtungswert.
Verteilung der Lagemaße	linksschiefe Verteilung: $\quad x_{mod} > x_{med} > \bar{x}$ rechtsschiefe Verteilung: $\quad \bar{x} > x_{med} > x_{mod}$ symmetrische Verteilung: $\quad \bar{x} \approx x_{med} \approx x_{mod}$

Streumaße

Quartil $Q_{1;2;3}$
Quartilsabstand Q

Werden alle Messwerte einer Stichprobe der Größe nach geordnet und in vier gleiche Bereiche eingeteilt, so werden die drei Grenzen zwischen diesen vier Bereichen als Quartile bezeichnet.

1. Quartil: $Q_1 = x_{\frac{n+1}{4}}$

2. Quartil: $Q_2 = x_{\frac{n+1}{2}} = x_{med}$

3. Quartil: $Q_3 = x_{\frac{3n+3}{4}}$

Der Quartilsabstand ist die Breite, den die beiden mittleren Bereiche einnehmen.

Quartilsabstand: $Q = Q_3 - Q_1$

Mittlere Abweichung d_{med} vom Median

$$d_{med} = \frac{1}{n} \cdot \sum_{i=1}^{n} |x_i - x_{med}|$$

n: Anzahl der Beobachtungswerte
x_i: Beobachtungswerte
x_{med}: Median

Mittlere Abweichung e vom arithmetischen Mittel

$$e = \frac{1}{n} \cdot \sum_{i=1}^{n} |x_i - \overline{x}|$$

$\overline{x}$: arithmetisches Mittel

Varianz v

Die Varianz v ist ein Maß für die Streuung der Messgrößen.

$$v = \frac{1}{n} \cdot \sum_{i=1}^{n} (x_1 - \overline{x})^2$$

Standardabweichung s

$$s = \sqrt{v} = \sqrt{\frac{1}{n} \cdot \sum_{i=1}^{n} (x_1 - \overline{x})^2}$$

Varianz v für absolute Häufigkeiten

$$v = \frac{1}{n} \cdot \sum_{i=1}^{k} (x_1 - \overline{x})^2 \cdot n_i$$

k: Anzahl der Klassen
n_i: absolute Häufigkeiten

Varianz v für relative Häufigkeiten

$$v = \sum_{i=1}^{k} (x_1 - \overline{x})^2 \cdot h_i$$

h_i: relative Häufigkeit

Normalverteilung

Verteilungen, die die Form einer Glockenkurve aufweisen, nennt man Normalverteilungen oder auch Gauß-Verteilungen.
Die Normal- oder Gauß-Verteilung ist ein wichtiger Typ kontinuierlicher Wahrscheinlichkeitsverteilungen.

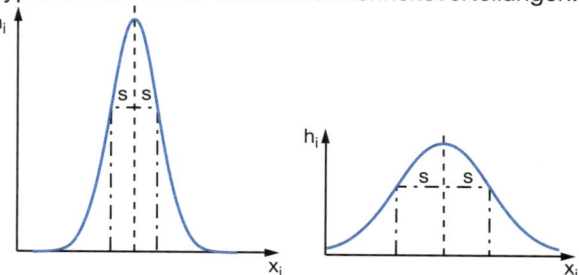

Die Standardabweichung s beschreibt die Breite der Normalverteilung. Berücksichtigt man die tabellierten Werte der Verteilungsfunktion, gilt näherungsweise folgende Aussage:
Rund 68% aller Werte liegen im Intervall
$[\bar{x} - s; \bar{x} + s]$,
rund 95% aller Werte liegen im Intervall
$[\bar{x} - 2s; \bar{x} + 2s]$,
mehr als 99% aller Werte liegen im Intervall
$[\bar{x} - 3s; \bar{x} + 3s]$.

Stochastik

Zufallsexperiment

- Alle möglichen Ergebnisse sind vorab bekannt.
- Einzelne Experimentergebnisse sind zufällig.
- Beliebige Wiederholbarkeit unter gleichen Startbedingungen

Häufigkeit

Relative Häufigkeit:
Tritt ein Ereignis E bei einer Versuchsreihe mit n Versuchen genau n_i-mal auf, so wird der Quotient $\frac{n_i}{n}$ als **relative Häufigkeit** des Ereignisses E bezeichnet.

Absolute Häufigkeit:
n_i heißt die **absolute Häufigkeit** des Ereignisses E.

Wahrscheinlichkeit für das Eintreffen eines Ereignisses P(E)

$P(E) = \frac{g}{m}$

$0 \leq P(E) \leq 1$

$M = \{m_1; m_2; \ldots; m_n\}$

$\sum_{i=1}^{n} P(m_i) = 1$

g: Anzahl der günstigen Ereignisse
m: Anzahl der möglichen Ereignisse
M: Ereignisraum
m_i: Elementarereignisse
$P(m_i)$: Wahrscheinlichkeit des Eintreffens eines Elementarereignisses

Eintreffen des Ereignisses	
gewiss	$P(E) = 1$
wahrscheinlich	$1 > P(E) > 0{,}5$
zweifelhaft	$P(E) = 0{,}5$
unwahrscheinlich	$0{,}5 > P(E) > 0$
unmöglich	$P(E) = 0$

Gegenereignis $\overline{E}$

$P(\overline{E}) = 1 - P(E)$
$P(E) + P(\overline{E}) = 1$

Laplace-Experiment

Sind bei einem Zufallsexperiment alle Ergebnisse des Ereignisraums **gleich wahrscheinlich**, so wird dies als Laplace-Experiment bezeichnet.

$P(m_1) = P(m_2) = \ldots = P(m_n)$

$P(m_i) = \frac{1}{n}$

Pfadregel

Wahrscheinlichkeit, dass das Ereignis **E_1 oder** das Ereignis **E_2** eintritt:

$P(E_1 \vee E_2) = P(E_1) + P(E_2)$
$P(\overline{E}) = 1 - P(E)$

Baumdiagramme

Einstufiges Baumdiagramm

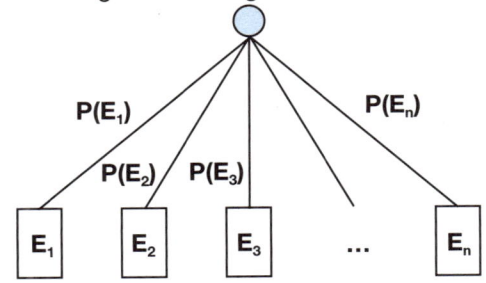

Pfadadditionsregel:
$P(E_1; \ldots; E_n) = P(E_1) + P(E_2) + \ldots + P(E_n) = 1$

Zweistufiges Baumdiagramm

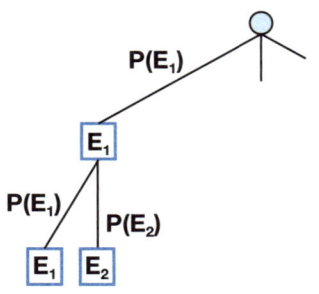

Pfadmultiplikationsregel
$P(E_1; \ldots; E_1) = P(E_1) \cdot \ldots \cdot P(E_1)$

$P(E_1; E_1) = P(E_1) \cdot P(E_1)$
$P(E_1; E_2) = P(E_1) \cdot P(E_2)$

Bedingte Wahrscheinlichkeit

Wahrscheinlichkeit für ein Ereignis nach dem Eintreffen eines vorhergegangenen Ereignisses
$P_{E_m}(E_n)$: Wahrscheinlichkeit für das n-te Ereignis, nachdem das m-te Ereignis eingetreten ist.

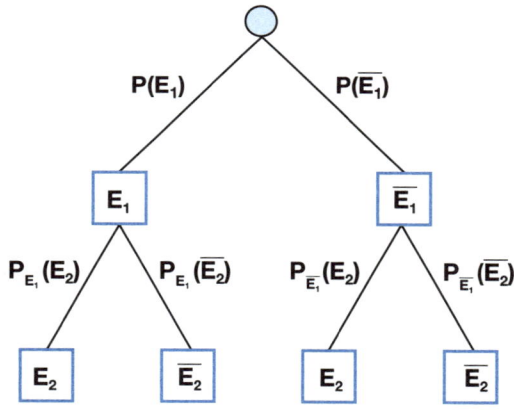

Vierfeldertafel

	E_2	$\overline{E_2}$
E_1	$E_1 \cap E_2$	$E_1 \cap \overline{E_2}$
$\overline{E_1}$	$\overline{E_1} \cap E_2$	$\overline{E_1} \cap \overline{E_2}$

Satz von Bayes

$$P_{E_1}(E_2) = \frac{P(E_1 \cap E_2)}{P(E_1)} \text{ mit } P(E_1) \neq 0$$

Inverses Baumdiagramm

Die Ereignisse der ersten und zweiten Stufe gegenüber dem ursprünglichen Baumdiagramm sind vertauscht.

Hypothesentest

Überprüfung des Wahrheitsgehalts einer Hypothese

- Nullhypothese H_0: für wahr angesehene Behauptung
- Alternativhypothese H_A: alternative Theorie zur Nullhypothese

Bei jedem Hypothesentest wird ein Zufallsexperiment in Form einer Stichprobe der Länge **n** durchgeführt. Die **Testgröße Z** gibt die Zahl der Treffer im Stichprobenergebnis an.

Die Grenze zwischen **Annahmebereich A** und **Ablehnungsbereich $\overline{A}$** heißt **kritischer Wert c**.

$A = \{1; ...; c\}$
$\overline{A} = \{c + 1; ...; n\}$

Der **Fehler 1. Art** ist der Fehler, eine wahre Hypothese abzulehnen.
Der **Fehler 2. Art** ist der Fehler, eine falsche Hypothese anzunehmen.

Entscheidung beim Hypothesentest		Wahrheit	
		H_0	H_A
Ergebnis der Stichprobe	H_0	richtig	Fehler 2. Art
	H_A	Fehler 1. Art	richtig

Binomialverteilung

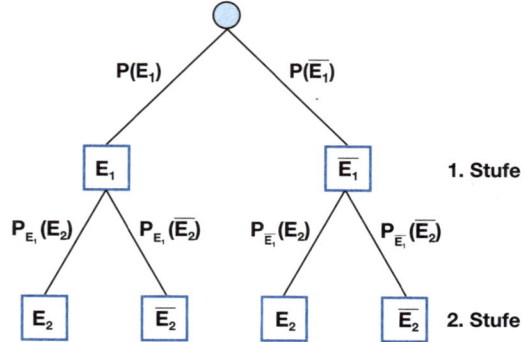

Die Wahrscheinlichkeitsberechnung ist abhängig von der Gesamtzahl **n** der Einzelexperimente, der Wahrscheinlichkeit **p** des Eintreffens für ein Einzelexperiment und der Anzahl **k** der Treffer.

$$B(n; p; k) = \binom{n}{k} \cdot p^k \cdot (1-p)^{n-k}$$

Binomischer Satz
Für $k \leq n$
Binomialkoeffizient $(k, n \in \mathbb{N})$

$$\binom{n}{k} = \frac{n}{1} \cdot \frac{n-1}{2} \cdot \frac{n-2}{3} \cdot \ldots \cdot \frac{n-k+1}{k} = \frac{n!}{k!(n-k)!}$$

Für $k > n$

$$\binom{n}{k} = 0$$

Es gilt:

$$\binom{n}{0} = 1$$

Fakultät
$n! = 1 \cdot 2 \cdot 3 \cdot \ldots \cdot (n-1) \cdot n$, wobei $n \in \mathbb{N} \setminus \{1\}$
$0! = 1$
$1! = 1$

Register

Ablehnungsbereich 67
Ableitung 45
Ableitungsfunktion 46
Ableitungsregeln 48, 49
Abstand Punkt – Ebene 41
Achsenschnittpunkte 26
Addition zweier Vektoren 35
Additionsverfahren 15
Additivitätseigenschaft 56
algebraisches Lösen von Gleichungen 14, 15
Alternativhypothese 67
Ankathete 27
Annahmebereich 67
Äquivalenzumformung 12
arithmetisches Mittel 61
Arkuskosinus 49
Arkuskotangens 49
Arkussinus 49
Arkustangens 49
Assoziativgesetz 8, 36

Basis von Potenzen 22
Basisvektoren 34
Basiswechsel beim Logarithmus 23
Baumdiagramme 65, 66
bedingte Wahrscheinlichkeit 66
Betrag des Vektors 37
Binominalverteilung 68
binomische Formeln 9
binomischer Satz 68
Bogenmaß 32
Bruchrechnen 10

cramersche Regel 12

Definitionsbereich einer Funktion 17
Definitionsmenge 11
Determinante 15
Diagramme 61
Differenzenquotient 45
Differenzial 46
Differenzialquotient 46
Differenzialrechnung 45

Differenzierbarkeit
    globale ~ 46
    stetige ~ 46
Differenzierbarkeitsbereich 46
Differenzmenge 8
Diskriminante 24
Distributivgesetz 8, 36
Dreieck 27
    trigonometrische Berechnungen am ~ 32
Dreisatz 16

Ebenengleichung 38
Ebenengleichungen in Parameterform 38
Einheitskreis 28, 29
Einheitsvektor 34
Einsetzverfahren 14
Euklid 28
Exponent 22
Exponentialfunktion 49
Extremwerte 51

Faktorregel 56
Fakultät 68
Fehler 1. & 2. Art 67
Flächeninhalt 32, 40
Formänderung der Normalparabel 26
Funktion 17
    Arten von ~en 18
    konstante ~ 18, 48, 56
    lineare ~en 18
    quadratische ~en 25
    transzendente ~en 57
    trigonometrische ~en 56
Funktionswert 17

Gauß-Verteilung 64
Gegenkathete 27
Gegenvektor 33
Geradengleichung
    Punkt-Steigungs-Form 21
    Zwei-Punkte-Form 21
Geradengleichungen in Parameterform 38
Gesamtheit 60

ggT 10
Gleichheit zweier Vektoren 35
Gleichsetzverfahren 14
Gleichung 11
    lineare ~en 11
    quadratische ~en 24
Graphische Darstellung von Funktionen 17, 18
Graphisches Lösen von Gleichungen 13, 14
Grenzwert 45
Grundgesamtheit 60
Grundintegrale 56
Grundwert 17

Häufigkeit 64
Häufigkeiten 60
Hauptsatz der Integral- und Differenzial-
    rechnung 56
hesse'sche Normalenform 41
Höhen 32
Höhensatz des Euklid 28
Hypothenuse 27
Hypothesentest 67

Idempotenzgesetz 8
Inkreisradius 32
Integrale 55 ff.
Integralfunktion 55
Integralrechnung 55
Integrationsformel 56
Integrationsgrenze 56
Intervalle 8
Inversionsgesetz 11

Kathetensatz des Euklid 28
Kettenregel 49
kgV 10
Kollinearität 36
Kommutativgesetz 8, 35
Komplanarität 36
Komplementärmenge 7
Komponentenschreibweise 33
Koordinaten (kartesisch) 39
Koordinatenursprung 34
Kosinus 30
Kosinusfunktion 29, 49
Kosinussatz 32
Kotangens 30

Kotangensfunktion 49
Kreuzprodukt 39
kritischer Wert 67
Krümmung des Graphen 53
Kurvendiskussion 50

L' Hospitalsche Regeln 47, 48
Lage von Geraden 21
Lagebeziehung zweier Ebenen 41
Lagemaße 61
Länge des Vektors 37
Laplace-Experiment 65
lineare Abhängigkeit von Vektoren 36
lineare Gleichungssysteme 13
Linearität 56
Lösungsmenge 11
Logarithmengesetze 23
Logarithmus 23
Logarithmusfunktion 49

Mantelfläche 59
Maximum (relatives) 52, 53
Median 62
Mengengleichheit 7
Merkmalsausprägung 60
Merkmalsklasse 60
metrische Skala 60
Minimum (relatives) 52, 53
Mittelpunktswinkel 28, 29
mittlere Abweichung 63
Modalwert 62
Monotonie 50
Monotoniegesetze 22

Neigungswinkel 47
Nominalskala 60
Normale 47
Normalenform 40
Normalform 11
Normalverteilung 64
Nullhypothese 67
Nullstelle 26
Nullvektor 34
Numerus 23

Obergrenze 56
Ordinalskala 60

Orthogonalität 21
Ortsvektor 34

Parabel 25
Parallelflach 40
Parallelität 21
Parallelogramm 40
Parameterform 38
Pfadregel 65
Potenzen 22
Potenzfunktion 49
p-q-Form 24
Produktmenge 8
Produktregel 9, 48
Projektionssatz 32
Proportionalität 16
Proportionalitätsfaktor 16
Prozentrechnung 17
Prozentsatz 17
Prozentwert 17
Pyramide 40
Pythagoras
    Satz des ~ 27
    trigonometrischer ~ 30

Quadratwurzel 22
Quartil 63
Quartilsabstand 63
Quotientenregel 48

Radikand 22
Rangfolge 60
Raumvolumen 59
Rechenzeichen 6, 9
Rechtssystem in der Vektorrechnung 39
Reduktionsformeln 30
Relation 17
Relationszeichen 12
Richtungskomponenten 34
Rohdaten 60
Rotationskörper 59

Satz von Bayes 66
Satz von Vieta 25
Scheitelpunkt 25
Scheitelpunktform 25
Schnittmenge 8

Schnittwinkel zweier Ebenen 41
Seitenhalbierende 32
senkrechte Vektoren 37
Sinus 30
Sinusfunktion 28, 49
Sinussatz 32
Skalar 37
skalare Vervielfachung 36
Skalarprodukt 37
S-Multiplikation von Vektoren 36
Spannweite 62
Stammfunktion 46
Standardabweichung 63
Statistik 60
Steigung 47
Steigungsfaktor 19
Stetigkeit 45
Stichprobe 60
Stochastik 64
Streumaße 63
Strichliste 60
Subtraktion zweier Vektoren 35
Summenregel 48, 56
Symmetrieachse 25

Tangens 30
Tangensfunktion 29, 49
Tangente 47
Teiler 10
Teilmenge 7
Terme 9
Termumformung 9
Terrassenpunkt 54
Testgröße 67
Tetraeder 40

Umkehrfunktion 49
Umkreisradius 32
Ungleichung 11
Untergrenze 56
Urliste 60

Variable 11
Varianz 63
Vektor 33 ff.

vektorielle
    Punkt-Richtungs-Form 38
    Zwei-Punkte-Form 38
Vektorkette 35
Vektorprodukt 39
Vektorrechnung 33
Vereinigungsmenge 8
Verhältnisgleichung 16
Verschmelzungsregeln 9
Vielfache 10
Vierfeldertafel 66
Volumen 40
Vorzeichen 6, 9

Wahrscheinlichkeit 65
Wahrscheinlichkeitsverteilung 64
Wendepunkt 53
Wertebereich 17
Wertetabelle 17
Winkel zwischen zwei Vektoren 37
Winkelhalbierende 32
Wurzelexponent 22
Wurzelgesetze 22
Wurzeln 22

y-Achsenabschnitt 20

Zahlen 6
    ganze ~ 6
    gebrochene ~ 6
    irrationale ~ 6
    komplexe ~ 6
    natürliche ~ 6
    rationale ~ 6
    reelle ~ 6
Zahlenmengen 6
Zentralwert 62
Zufallsexperiment 64
Zufallsprinzip 60